똑똑한 하루

빅터
연산

Chunjae
Makes
Chunjae

▼

기획총괄	박금옥
편집개발	지유경, 정소현, 조선영, 최윤석, 김장미, 유혜지, 남솔, 정하영
디자인총괄	김희정
표지디자인	윤순미, 심지현
내지디자인	이은정, 김정우, 퓨리티
제작	황성진, 조규영

발행일	2023년 10월 1일 초판 2023년 10월 1일 1쇄
발행인	(주)천재교육
주소	서울시 금천구 가산로9길 54
신고번호	제2001-000018호
고객센터	1577-0902

똑똑한 **하루**

빅터연산

지루하고 힘든 연산은 **OUT!**

쉽고 재미있는 **빅터연산으로 연산홀릭**

입학 전
자신감을
키워주는

B

예비초

빅터 연산

단/계/별 학습 내용

빅터 연산

구성과 특징
예비초 B권

학습 준비

배울 내용 미리보기
이 단원에서 학습할 내용을 미리 알아봅니다.

개념 & 원리

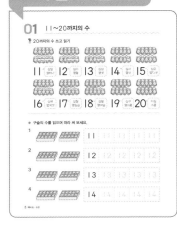

개념 & 원리 탄탄
연산의 원리를 쉽고 재미있게 이해하도록 하였습니다.
원리 이해를 돕는 문제로 연산의 기본을 다집니다.

즐거운 연산

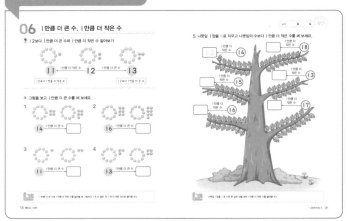

재미있는 유형으로 즐거운 연산
다양한 형태의 문제로 쉽고 재미있게
연산을 할 수 있습니다.

실력 확인

10 무엇을 배웠나요? ❷

셈을 하세요.

1 15+2=☐   2 17+1=☐

3 13+6=☐   4 14+4=☐

5 16+2=☐   6 15+3=☐

7 14+5=☐   8 12+5=☐

9 14+2=☐   10 13+4=☐

무엇을 배웠나요?
「무엇을 배웠나요?」를 통해
연산의 기본기를 튼튼히 다집니다.

Contents

차례

1 20까지의 수

이번에 공부할 내용

❖ 11~20까지의 수

11
십일, 열하나

12
십이, 열둘

13
십삼, 열셋

14
십사, 열넷

15
십오, 열다섯

16
십육, 열여섯

17
십칠, 열일곱

18
십팔, 열여덟

19
십구, 열아홉

20
이십, 스물

01 ㅣㅣ~20까지의 수

🌵 20까지의 수 쓰고 읽기

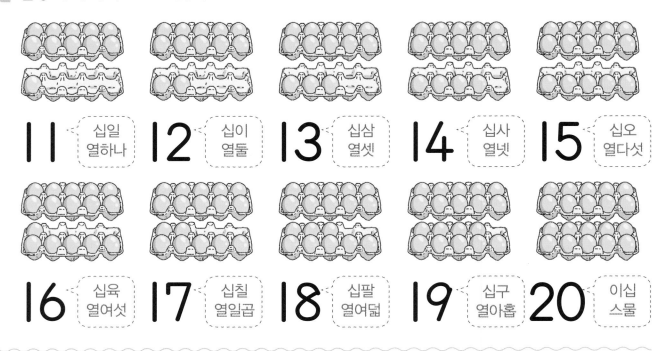

| | 십일 열하나 | |2 십이 열둘 | |3 십삼 열셋 | |4 십사 열넷 | |5 십오 열다섯

|6 십육 열여섯 | |7 십칠 열일곱 | |8 십팔 열여덟 | |9 십구 열아홉 | 20 이십 스물

● 구슬의 수를 읽으며 따라 써 보세요.

1 | | | | | | | | | |

2 |2 |2 |2 |2 |2

3 |3 |3 |3 |3 |3

4 |4 |4 |4 |4 |4

● 음식의 수를 읽으며 따라 써 보세요.

5

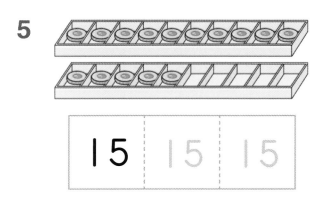

15 15 15

6

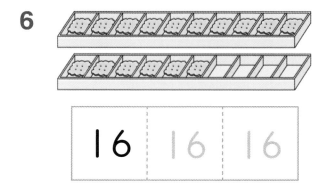

16 16 16

7

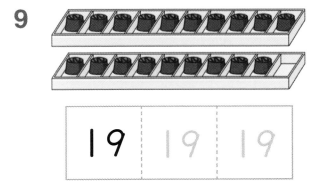

17 17 17

8

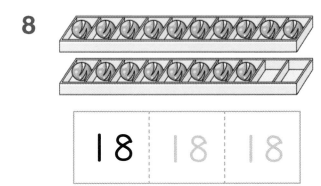

18 18 18

9

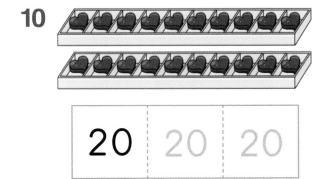

19 19 19

10

20 20 20

02 그림을 보고 세어 보기

🌵 크레파스의 수 세어 보기

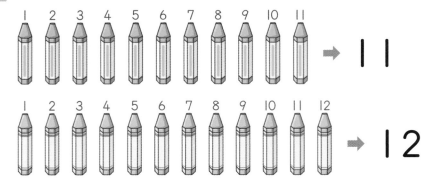

크레파스를 하나씩 세어 봐요.

● 빵의 수를 세어 알맞은 수에 ○표 하세요.

1

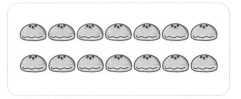

(11, 12, 13, 14)

2

(13, 14, 15, 16)

3

(11, 12, 13, 14)

4

(14, 15, 16, 17)

• 하나씩 세어볼 때 빠뜨리거나 두 번 세지 않도록 /, ∨, ○ 등으로 표시하면서 셉니다.

● 그림을 보고 수를 세어 알맞은 수를 써 보세요.

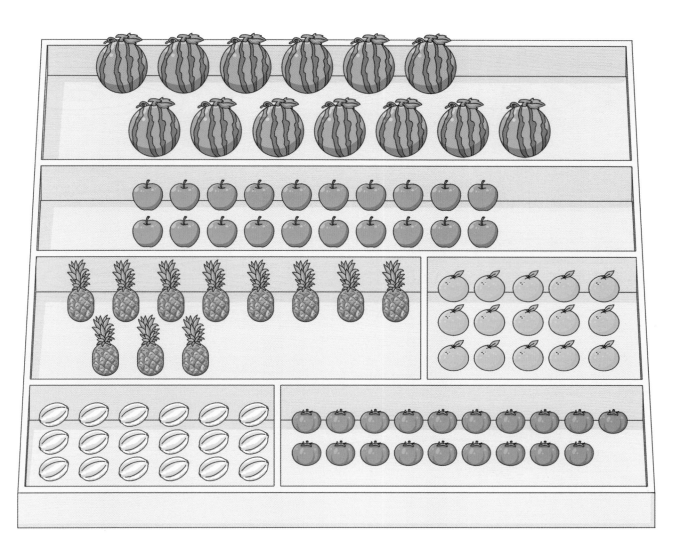

5  ➡ ☐   **6**  ➡ ☐

7 ➡ ☐   **8** ➡ ☐

9 ➡ ☐   **10**  ➡ ☐

03 10개씩 묶음과 낱개의 수

🌵 연결 모형의 수 알아보기

→ 10개씩 묶음

→ 낱개

10개씩 묶음	낱개
1	4

➡ 14

● 그림을 보고 빈칸에 알맞은 수를 써 보세요.

1

10개씩 묶음	낱개

➡

2

10개씩 묶음	낱개

➡

3

10개씩 묶음	낱개

➡

• 10개씩 묶음 1개, 낱개 4개이면 14이고, 반대로 14는 10개씩 묶음 1개, 낱개 4개와 같습니다.

● 구슬의 수를 ☐ 안에 써 보세요.

4  → 13

5  →

6  →

7  →

8  →

9  →

04 모두 몇 개인지 세어 보기

🌵 사탕을 모으면 모두 몇 개인지 세어 보기

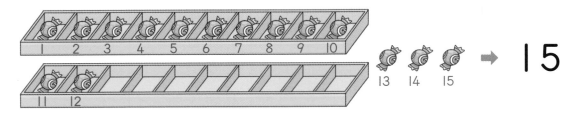

● 사탕을 모으면 모두 몇 개인지 세어 보세요.

1

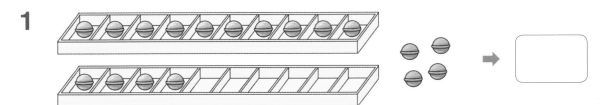

2

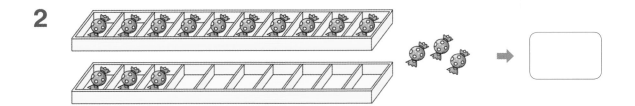

3

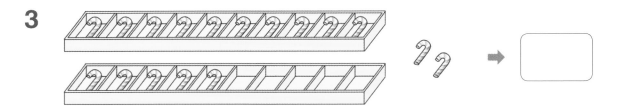

4

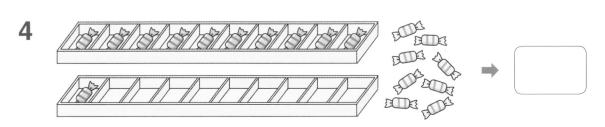

● 달걀을 모으면 모두 몇 개인지 세어 보세요.

5

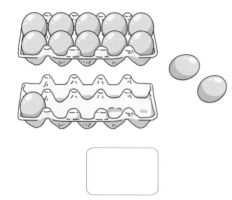

6

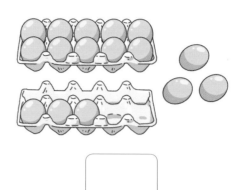

7

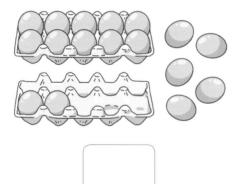

8

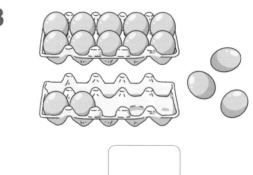

9

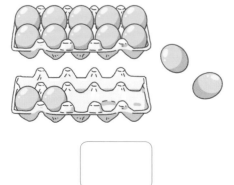

10

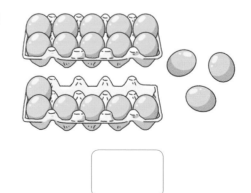

05 남은 것은 몇 개인지 세어 보기

🌵 덜어 내고 남은 것은 몇 개인지 세어 보기

1 2 3 4 5 6 7 8 9 10   11 12   → 12

덜어 내고 남은
크레파스는 12개예요.

● 덜어 내고 남은 크레파스는 몇 개인지 세어 보세요.

1   →   ☐

2   →   ☐

3   →   ☐

4   →   ☐

• 전체 크레파스의 수에서 묶은 크레파스의 수를 덜어 내면 몇 개가 남는지 알아봅니다.

• 덜어 내고 남은 크레파스의 수를 세어 봄으로써 뺄셈의 개념을 이용하여 수를 알아보는 내용입니다.

● 덜어 내고 남은 구슬은 몇 개인지 세어 보세요.

5

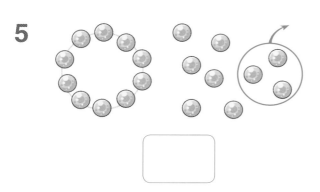

6

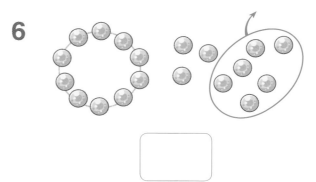

7

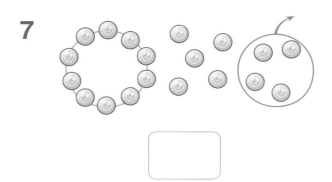

8

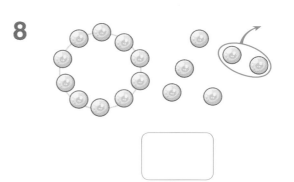

9

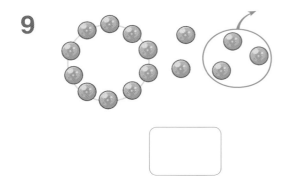

10

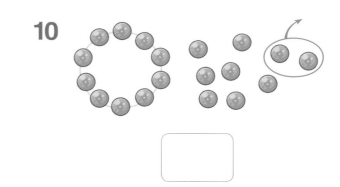

11

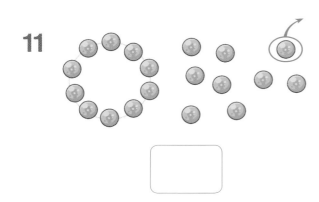

12

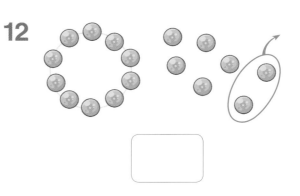

06 I 만큼 더 큰 수, I 만큼 더 작은 수

🌵 I2보다 I만큼 더 큰 수와 I만큼 더 작은 수 알아보기

I I ← I만큼 더 작은 수 ← I 2 → I만큼 더 큰 수 → I 3

⌐ I2보다 I만큼 더 작은 수 ⌐   ⌐ I2보다 I만큼 더 큰 수 ⌐

◑ 그림을 보고 I만큼 더 큰 수를 써 보세요.

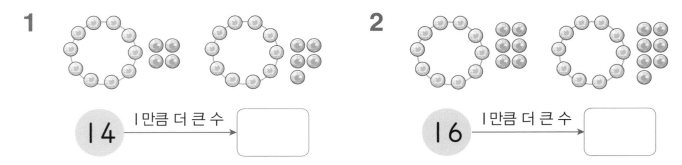

1   I4 → I만큼 더 큰 수 →

2   I6 → I만큼 더 큰 수 →

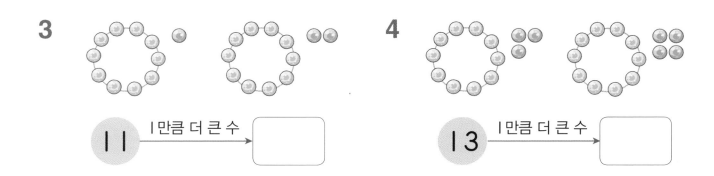

3   I I → I만큼 더 큰 수 →

4   I3 → I만큼 더 큰 수 →

 • I만큼 더 큰 수와 I만큼 더 작은 수를 알아볼 때 그림보다 I개 더 많은 것, I개 더 적은 것으로 알아봅니다.

5 나뭇잎 |장을 ✕로 지우고 나뭇잎의 수보다 |만큼 더 작은 수를 써 보세요.

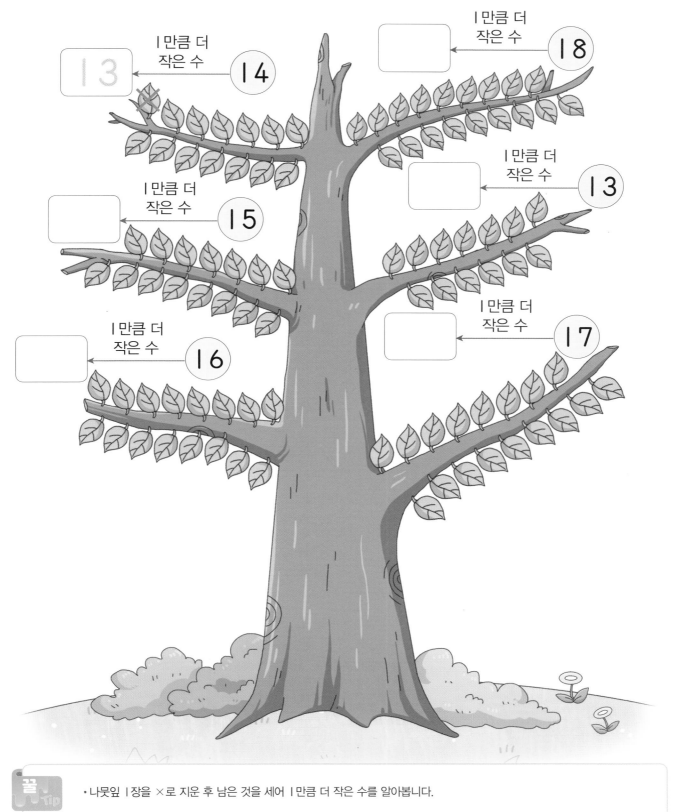

|만큼 더
작은 수
18

|만큼 더
작은 수
14
| 3

|만큼 더
작은 수
13

|만큼 더
작은 수
15

|만큼 더
작은 수
17

|만큼 더
작은 수
16

07 20까지의 수의 순서

🌵 수의 순서 알아보기

| 1 | 2 | 3 | 4 | 5 | 6 | 7 | 8 | 9 | 10 |
| 11 | 12 | 13 | 14 | 15 | 16 | 17 | 18 | 19 | 20 |

● 수의 순서에 맞게 빈칸에 알맞은 수를 써 보세요.

1

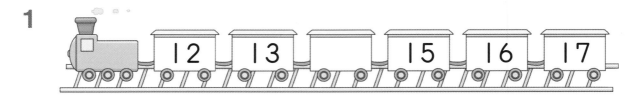

12 13 □ 15 16 17

2

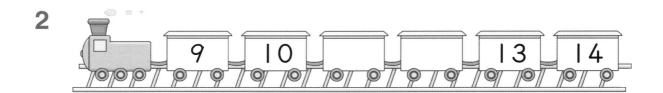

9 10 □ □ 13 14

3

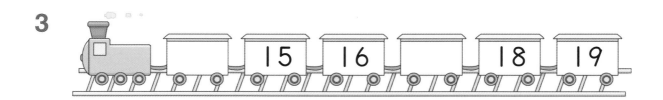

□ 15 16 □ 18 19

4

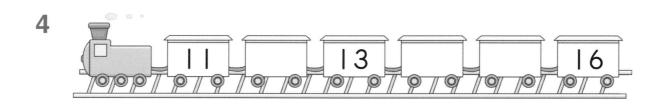

11 □ 13 □ □ 16

• 1부터 20까지의 수를 순서대로 읽고 쓸 수 있도록 합니다.

● 수의 순서에 따라 차례대로 점을 선으로 이어 그림을 완성해 보세요.

5

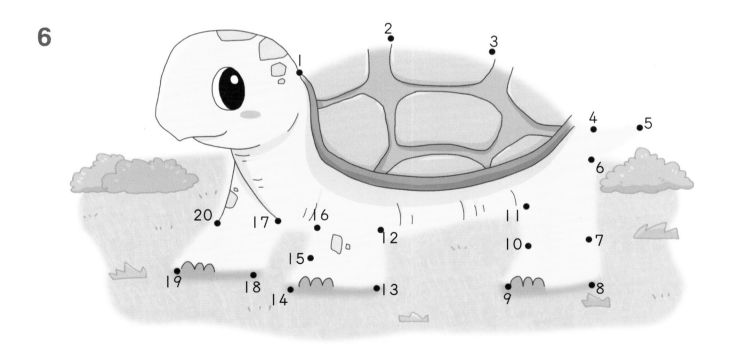

6

08 무엇을 배웠나요?

● 그림을 보고 수를 세어 알맞은 수를 써 보세요.

1
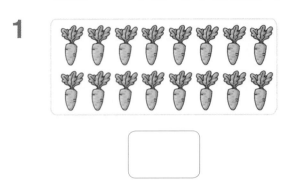

2
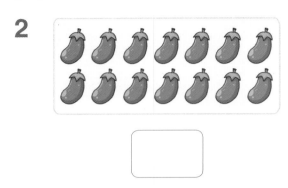

3
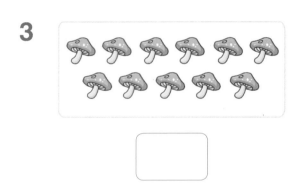

4
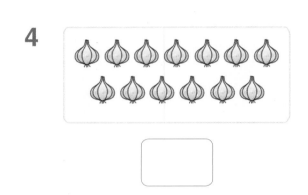

5
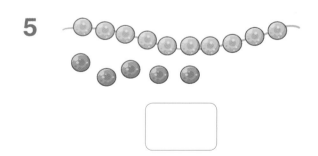

6
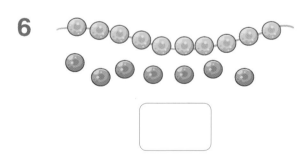

● 연결 모형의 수보다 Ⅰ만큼 더 큰 수와 Ⅰ만큼 더 작은 수를 써 보세요.

7 Ⅰ만큼 더 작은 수 / 13 / Ⅰ만큼 더 큰 수

8 Ⅰ만큼 더 작은 수 / 16 / Ⅰ만큼 더 큰 수

● 초콜릿을 모으면 모두 몇 개인지 세어 보세요.

9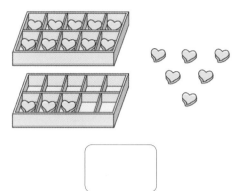

◻

10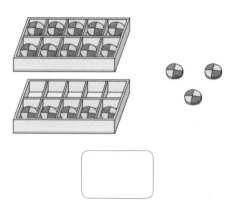

◻

● 덜어 내고 남은 것은 몇 개인지 세어 보세요.

11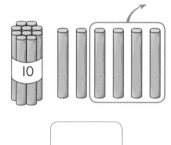

◻

12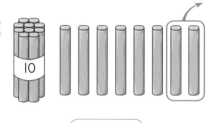

◻

● 수의 순서에 맞게 빈칸에 알맞은 수를 써 보세요.

13

| 10 | 11 | | | | |

14

| 15 | 16 | | | | 20 |

2 20까지의 수의 덧셈

❖ 12+3 계산하기

• 이어 세어 계산하기

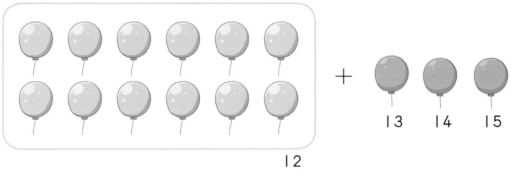

$$12+3=15$$

• 가로셈과 세로셈

1	2	+	3	=	1	5

01 더하기로 나타내기

🌵 그림을 보고 더하기를 이용하여 식으로 나타내기

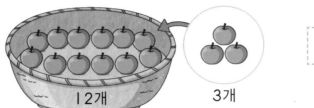

12개   3개

12 더하기 3

● 그림을 보고 더하기를 이용하여 식으로 나타내 보세요.

1

13개   4개

1 3 + 4

13 더하기 4

2

11개   5개

11 더하기 5

3

14개   3개

14 더하기 3

· 과일을 첨가하는 그림을 보고 과일의 수가 더 많아질 때 더하기를 이용하여 식으로 나타낼 수 있습니다.
· 기호 '＋'는 '더하기'라고 읽습니다.

● 그림을 보고 더하기를 이용하여 식으로 나타내 보세요.

4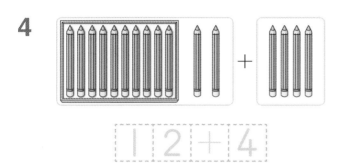

1 2 + 4

5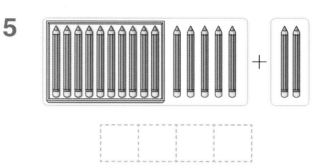

6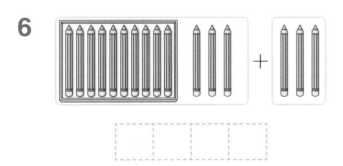

7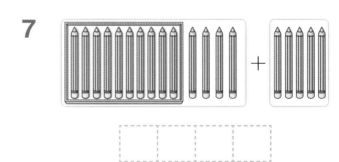

8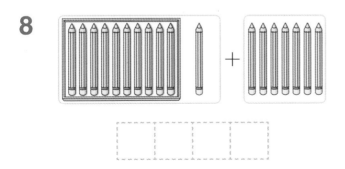

9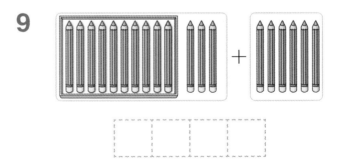

02 그림을 보고 덧셈하기

🌵 그림을 보고 1 2 + 3 계산하기

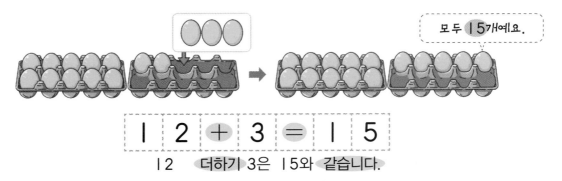

| 1 | 2 | + | 3 | = | 1 | 5 |

1 2　더하기 3은　1 5와　같습니다.

● 그림을 보고 덧셈을 하세요.

1
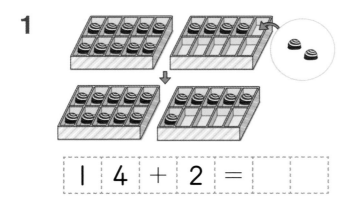

| 1 | 4 | + | 2 | = | | |

2
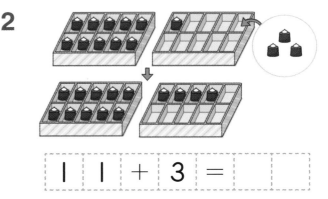

| 1 | 1 | + | 3 | = | | |

3
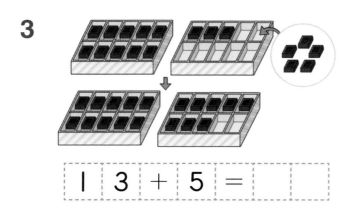

| 1 | 3 | + | 5 | = | | |

4
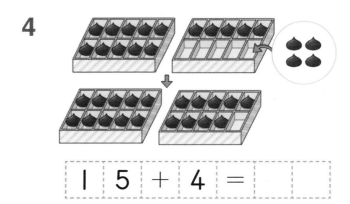

| 1 | 5 | + | 4 | = | | |

· 그림을 보고 덧셈 상황을 이해한 후 모두 몇 개인지 세어 보는 활동을 통하여 덧셈을 할 수 있습니다.

● 그림을 보고 덧셈을 하세요.

5

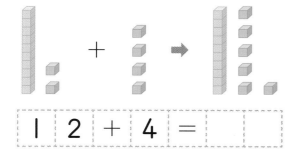

1 2 + 4 =

6

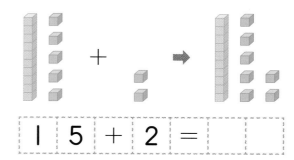

1 5 + 2 =

7

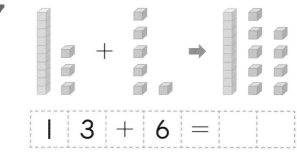

1 3 + 6 =

8

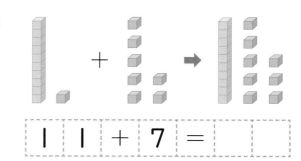

1 1 + 7 =

9

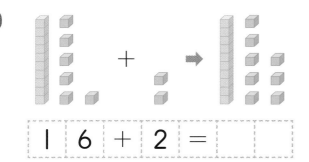

1 6 + 2 =

10

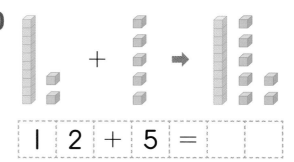

1 2 + 5 =

03 그림을 이어 세어 덧셈하기

🌵 그림을 보고 이어 세어 12+3 계산하기

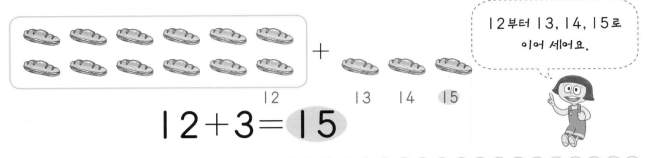

12부터 13, 14, 15로 이어 세어요.

$$12+3=15$$

● 그림을 보고 이어 세어 덧셈을 하세요.

1

$$14+2=\boxed{}$$

2

$$11+4=\boxed{}$$

3

$$13+3=\boxed{}$$

● 그림을 보고 이어 세어 덧셈을 하세요.

4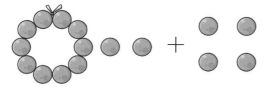

$12+4=$ ☐

5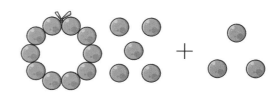

$15+3=$ ☐

6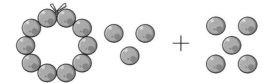

$13+5=$ ☐

7

$14+5=$ ☐

8

$14+3=$ ☐

9

$16+2=$ ☐

10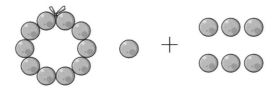

$11+6=$ ☐

11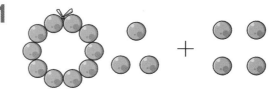

$13+4=$ ☐

04 색칠하고 덧셈하기

🌵 연결 모형을 색칠하고 12+3 계산하기

$$12+3=15$$

> 3개를 색칠하면 모두 15개!

3개를 색칠해요.

● 초록색 수만큼 색칠하고 덧셈을 하세요.

1

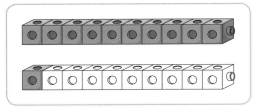

$$11+6=\boxed{}$$

2

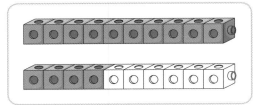

$$14+5=\boxed{}$$

3

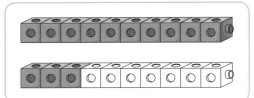

$$13+3=\boxed{}$$

4

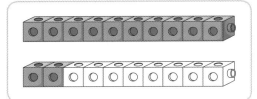

$$12+6=\boxed{}$$

 • 더하는 수(초록색 수)만큼 연결 모형을 색칠하고 모두 몇 개가 되었는지 알아봄으로써 덧셈을 할 수 있습니다.

● 초록색 수만큼 색칠하고 덧셈을 하세요.

5

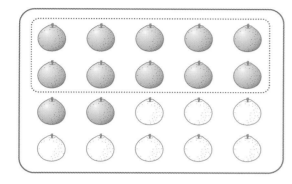

1 2 + 4 =

6

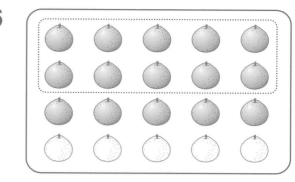

1 5 + 2 =

7

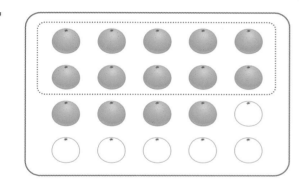

1 4 + 3 =

8

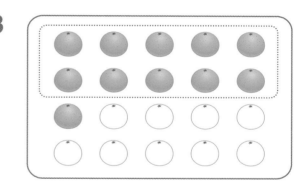

1 1 + 8 =

9

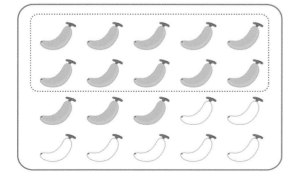

1 3 + 5 =

10

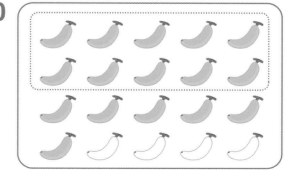

1 6 + 2 =

05 수를 이어 세어 덧셈하기

🌵 수를 이어 세어 12+3 계산하기

$$12+3=15$$

● 파란색 수만큼 이어 세어 덧셈을 하세요.

1 13 14 15 16 17 18 19   13+3=☐

2 12 13 14 15 16 17 18   12+5=☐

3 11 12 13 14 15 16 17   11+6=☐

4 14 15 16 17 18 19 20   14+4=☐

 • 더하는 수(파란색 수)만큼 수를 이어 세어 덧셈을 할 수 있습니다.

● 빈칸에 알맞은 수를 쓰고 덧셈을 하세요.

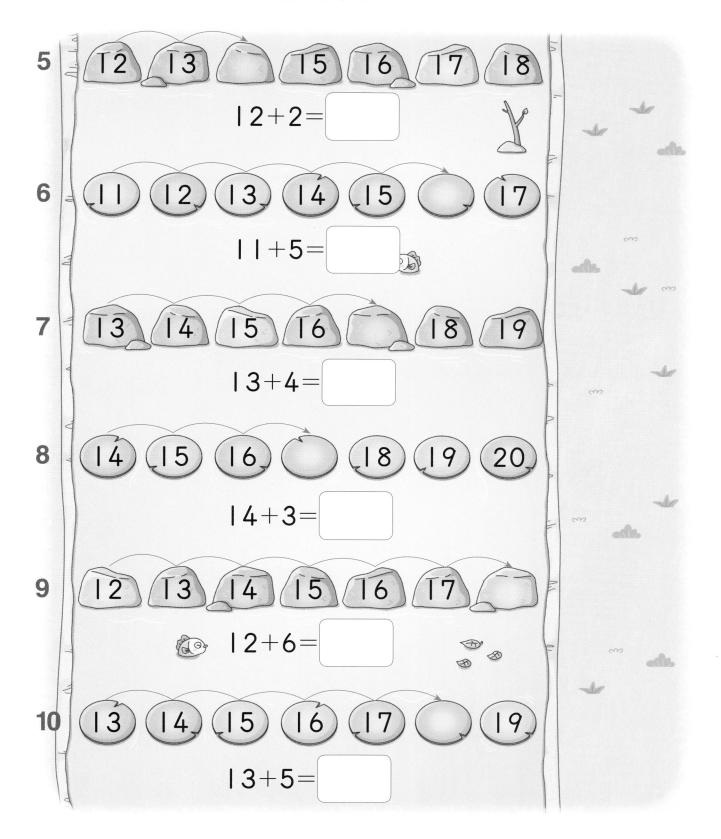

5 12 13 [ ] 15 16 17 18

12+2= [ ]

6 11 12 13 14 15 [ ] 17

11+5= [ ]

7 13 14 15 16 [ ] 18 19

13+4= [ ]

8 14 15 16 [ ] 18 19 20

14+3= [ ]

9 12 13 14 15 16 17 [ ]

12+6= [ ]

10 13 14 15 16 17 [ ] 19

13+5= [ ]

06 덧셈하기 (1)

🌵 12＋3의 가로셈 계산하기

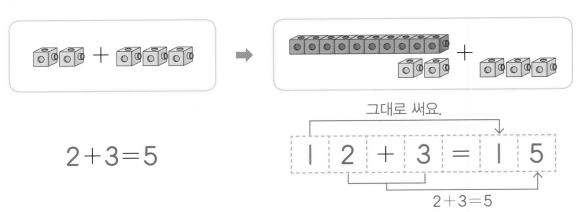

2＋3=5

그대로 써요.

| 2 ＋ 3 ＝ | 5

2＋3=5

● 덧셈을 하세요.

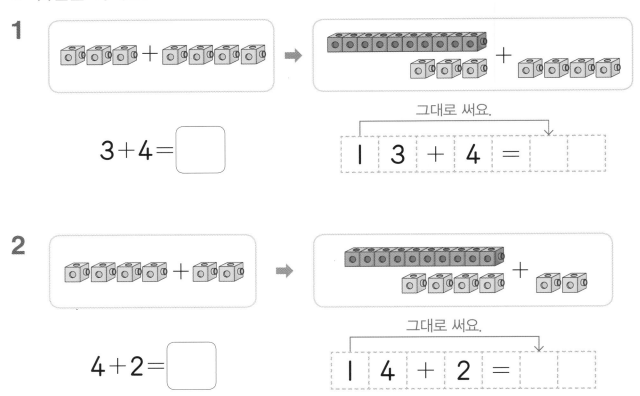

1

3＋4=☐

그대로 써요.

| 3 ＋ 4 ＝ ☐ ☐

2

4＋2=☐

그대로 써요.

| 4 ＋ 2 ＝ ☐ ☐

 ·(십몇)＋(몇)의 가로셈 계산은 (몇)＋(몇)을 계산하고 십의 자리 수 1을 그대로 씁니다.

● 덧셈을 하세요.

3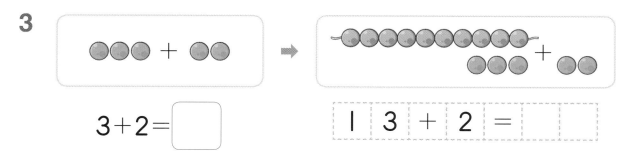

3+2=☐

| 1 | 3 | + | 2 | = | | |

4

1+5=☐

| 1 | 1 | + | 5 | = | | |

5 4+3=☐ ➡ | 1 | 4 | + | 3 | = | | |

6 2+7=☐ ➡ | 1 | 2 | + | 7 | = | | |

7 6+2=☐ ➡ | 1 | 6 | + | 2 | = | | |

8 5+4=☐ ➡ | 1 | 5 | + | 4 | = | | |

07 덧셈하기 (2)

🌵 12＋3의 세로셈 계산하기

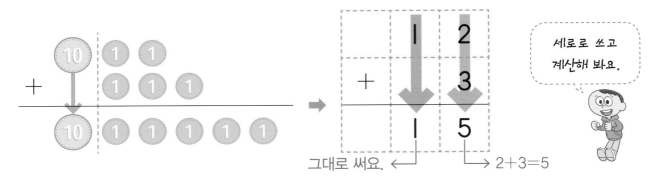

세로로 쓰고 계산해 봐요.

그대로 써요. ←   → 2＋3=5

● 덧셈을 하세요.

1

2

3

● **덧셈을 하세요.**

4
```
    1  1
 +     7
 ─────────
```

5
```
    1  3
 +     3
 ─────────
```

6
```
    1  2
 +     6
 ─────────
```

7
```
    1  5
 +     2
 ─────────
```

8
```
    1  1
 +     3
 ─────────
```

9
```
    1  4
 +     4
 ─────────
```

10
```
    1  2
 +     1
 ─────────
```

11
```
    1  5
 +     4
 ─────────
```

12
```
    1  6
 +     1
 ─────────
```

• 세로셈은 세로로 같은 줄끼리 계산합니다. 이때, 십의 자리 수 1은 그대로 내려 씁니다.

08 덧셈하기 (3)

🌵 12+3의 가로셈과 세로셈

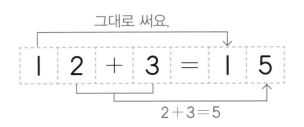

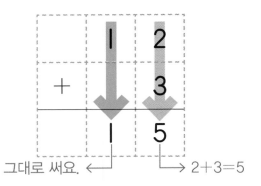

● 덧셈을 하세요.

1   14+4= ☐

2   13+2= ☐

3   11+6= ☐

4   17+2= ☐

5
```
   1 1
+    5
─────
```

6
```
   1 6
+    3
─────
```

7
```
   1 2
+    7
─────
```

  • (십몇)+(몇)의 덧셈은 십의 자리는 그대로 쓰고, 일의 자리 수끼리 더합니다.

8 덧셈을 하세요.

$15+3=\boxed{}$

$16+2=\boxed{}$

$12+2=\boxed{}$

$$\begin{array}{r} 11 \\ +\ \ 4 \\ \hline \end{array}$$

$$\begin{array}{r} 14 \\ +\ \ 5 \\ \hline \end{array}$$

$$\begin{array}{r} 13 \\ +\ \ 1 \\ \hline \end{array}$$

$$\begin{array}{r} 12 \\ +\ \ 4 \\ \hline \end{array}$$

● 파란색 수만큼 색칠하고 덧셈을 하세요.

1

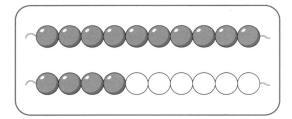

$14+2=\boxed{}$

2

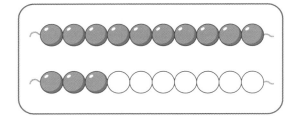

$13+4=\boxed{}$

3

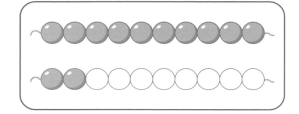

$12+4=\boxed{}$

4

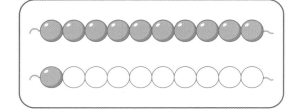

$11+5=\boxed{}$

5

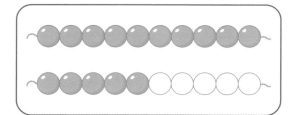

$15+4=\boxed{}$

6

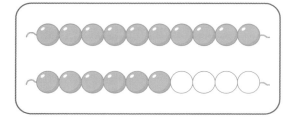

$16+2=\boxed{}$

● 초록색 수만큼 이어 세어 덧셈을 하세요.

7
     1   2   3   4

11 12 13 14 15 16 17   11+4=☐

8
     1   2   3   4   5

14 15 16 17 18 19 20   14+5=☐

9
     1   2   3   4   5

12 13 14 15 16 17 18   12+5=☐

10
     1   2   3   4   5   6

11 12 13 14 15 16 17   11+6=☐

11
     1   2   3   4   5

13 14 15 16 17 18 19   13+5=☐

12
     1   2   3

14 15 16 17 18 19 20   14+3=☐

10 무엇을 배웠나요? ❷

● 덧셈을 하세요.

1 15+2= ☐

2 17+1= ☐

3 13+6= ☐

4 14+4= ☐

5 16+2= ☐

6 15+3= ☐

7 14+5= ☐

8 12+5= ☐

9 14+2= ☐

10 13+4= ☐

11
```
  1 6
+   3
```

12
```
  1 7
+   2
```

13
```
  1 2
+   4
```

14
```
  1 1
+   7
```

15
```
  1 5
+   4
```

16
```
  1 8
+   1
```

17
```
  1 2
+   2
```

18
```
  1 3
+   3
```

19
```
  1 4
+   5
```

3 20까지의 수의 뺄셈

❖ **15-3 계산하기**

• **짝지어 보고 계산하기**

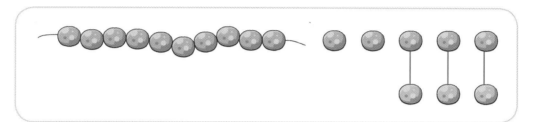

$$15 - 3 = 12$$

• **가로셈과 세로셈**

1	5	-	3	=	1	2

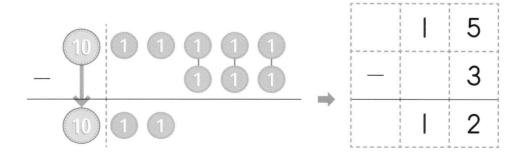

01 빼기로 나타내기

🌵 그림을 보고 빼기를 이용하여 식으로 나타내기

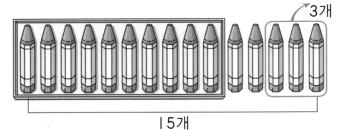

3개

15개

| 1 | 5 | − | 3 |

15   빼기   3

● 그림을 보고 빼기를 이용하여 식으로 나타내 보세요.

1

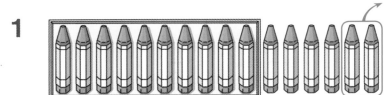

| 1 | 6 | − | 2 |

16   빼기   2

2

18   빼기   5

3

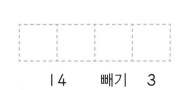

14   빼기   3

· 크레파스를 덜어 내는 그림을 보고 크레파스의 수가 적어질 때 빼기를 이용하여 식으로 나타낼 수 있습니다.

· 기호 '−'는 '빼기'라고 읽습니다.

● 그림을 보고 빼기를 이용하여 식으로 나타내 보세요.

4

$$15 - 4$$

5

6

7

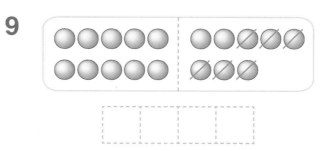

8

9

• 그림을 보고 전체 구슬의 수에서 /으로 지운 구슬의 수를 빼는 식으로 나타낼 수 있습니다.

02 그림을 보고 뺄셈하기

🌵 그림을 보고 | 5 − 3 계산하기

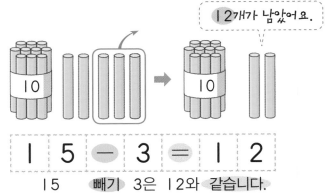

| 5 − 3 = | 2

15　빼기　3은　12와　같습니다.

● 그림을 보고 뺄셈을 하세요.

1

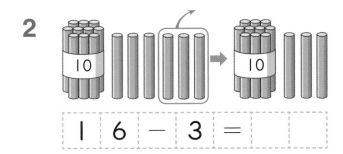

| 4 − 2 =

2

| 6 − 3 =

3

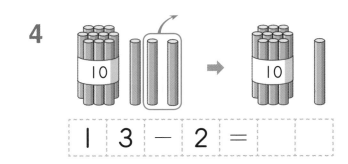

| 5 − 4 =

4

| 3 − 2 =

• 그림을 보고 뺄셈 상황을 이해한 후 덜어 내거나 /으로 지우고 남은 것을 세어 보는 활동을 통하여 뺄셈을 할 수 있습니다.

● 그림을 보고 뺄셈을 하세요.

5

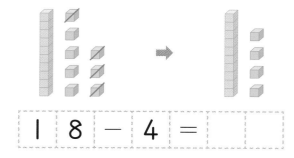

1 8 − 4 =

6

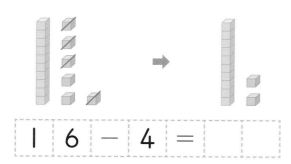

1 6 − 4 =

7

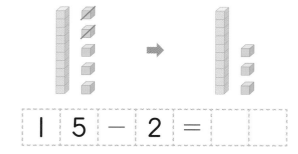

1 5 − 2 =

8

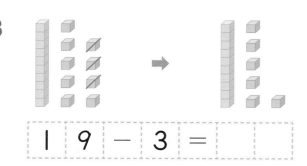

1 9 − 3 =

9

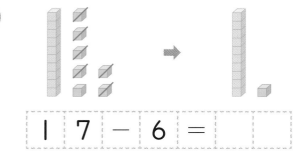

1 7 − 6 =

10

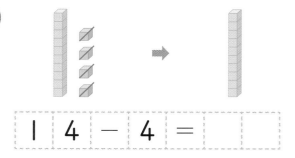

1 4 − 4 =

03 지우고 뺄셈하기

🌵 /으로 지우고 15-3 계산하기

3개를 지워요.

12개가 남아요.

$$15 - 3 = 12$$

● 파란색 수만큼 /으로 지우고 뺄셈을 하세요.

1

$$16 - 2 = \boxed{}$$

2

$$17 - 5 = \boxed{}$$

3

$$14 - 3 = \boxed{}$$

4

$$19 - 6 = \boxed{}$$

🍯 Tip · 빼는 수(파란색 수)만큼 /으로 지우고 남은 것을 세어 뺄셈을 할 수 있습니다.

● 파란색 수만큼 /으로 지우고 뺄셈을 하세요.

5

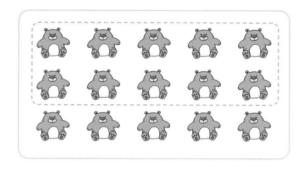

$15 - 4 = $ ☐

6

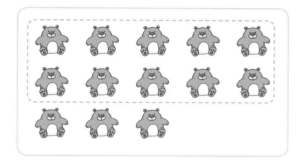

$13 - 2 = $ ☐

7

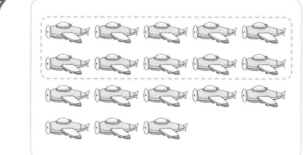

$18 - 4 = $ ☐

8

$16 - 5 = $ ☐

9

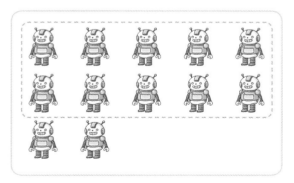

$12 - 2 = $ ☐

10

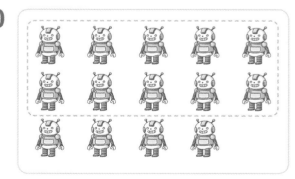

$14 - 1 = $ ☐

04 짝지어 보고 뺄셈하기

짝지어 보고 15 − 3 계산하기

12개가 남았어요.

짝짓고 12개가 남아요.

$15 - 3 = 12$

● 그림을 보고 뺄셈을 하세요.

1

$14 - 3 = \boxed{}$

2

$15 - 2 = \boxed{}$

3

$17 - 5 = \boxed{}$

4

$16 - 2 = \boxed{}$

 • 하나씩 짝지어 보고 남은 것을 세어 보는 활동을 통하여 파란색 연결 모형은 노란색 연결 모형보다 몇 개 더 많은지 뺄셈으로 알아봅니다.

● 그림을 하나씩 짝짓고 뺄셈을 하세요.

5

$13-2=\boxed{}$

6

$15-4=\boxed{}$

7

$14-2=\boxed{}$

8

$17-3=\boxed{}$

9

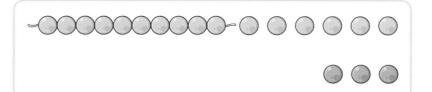

$16-3=\boxed{}$

05 수를 거꾸로 세어 뺄셈하기

🌵 수를 거꾸로 세어 **15−3** 계산하기

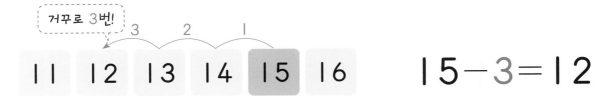

$$15-3=12$$

● 파란색 수만큼 거꾸로 세어 뺄셈을 하세요.

1

| 12 | 13 | 14 | 15 | 16 | 17 | 18 |

$$17-4=\boxed{}$$

2

| 9 | 10 | 11 | 12 | 13 | 14 | 15 |

$$14-2=\boxed{}$$

3

| 13 | 14 | 15 | 16 | 17 | 18 | 19 |

$$18-4=\boxed{}$$

4

| 11 | 12 | 13 | 14 | 15 | 16 | 17 |

$$16-5=\boxed{}$$

 • 빼는 수(파란색 수)만큼 수를 거꾸로 세어 뺄셈을 할 수 있습니다.

● 빈칸에 알맞은 수를 쓰고 뺄셈을 하세요.

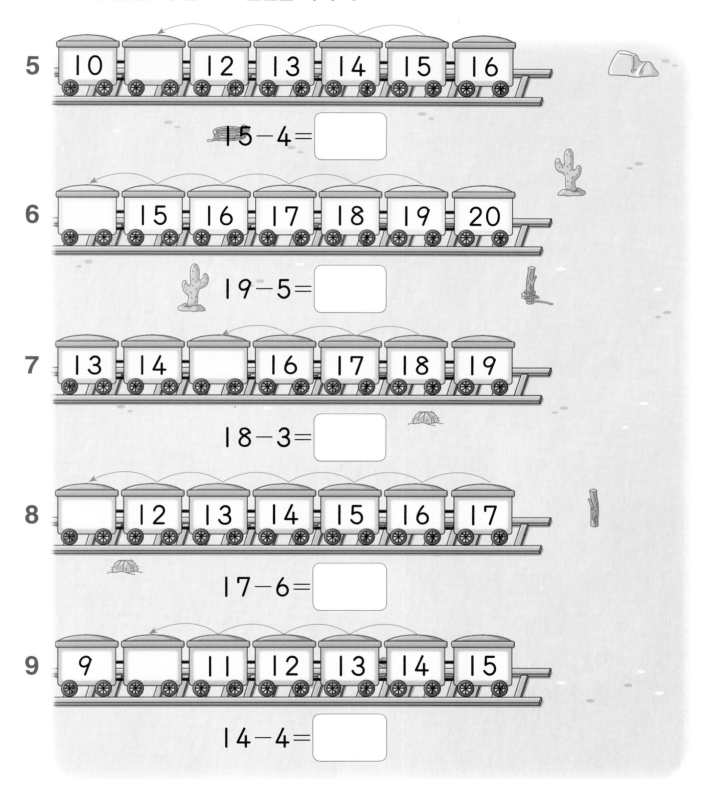

5 10 | | | 12 | 13 | 14 | 15 | 16

15 − 4 = ☐

6 | | 15 | 16 | 17 | 18 | 19 | 20

19 − 5 = ☐

7 13 | 14 | | | 16 | 17 | 18 | 19

18 − 3 = ☐

8 | | 12 | 13 | 14 | 15 | 16 | 17

17 − 6 = ☐

9 9 | | | 11 | 12 | 13 | 14 | 15

14 − 4 = ☐

06 뺄셈하기 (1)

🌵 15-3의 가로셈 계산하기

 ➡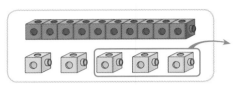

$$5-3=2$$

그대로 써요.

| 1 | 5 | − | 3 | = | 1 | 2 |

$$5-3=2$$

● 뺄셈을 하세요.

1

 ➡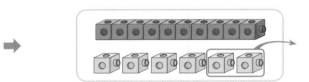

$$6-2=\boxed{}$$

그대로 써요.

| 1 | 6 | − | 2 | = | | |

2

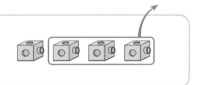 ➡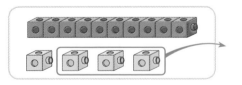

$$4-3=\boxed{}$$

그대로 써요.

| 1 | 4 | − | 3 | = | | |

 • (십몇)−(몇)의 가로셈 계산은 (몇)−(몇)을 계산하고 십의 자리 수 1을 그대로 씁니다.

● 뺄셈을 하세요.

3

$7-4=\boxed{}$

| 1 | 7 | − | 4 | = | | |

4

$3-2=\boxed{}$

| 1 | 3 | − | 2 | = | | |

5 $8-4=\boxed{}$ ➡ | 1 | 8 | − | 4 | = | | |

6 $5-4=\boxed{}$ ➡ | 1 | 5 | − | 4 | = | | |

7 $9-3=\boxed{}$ ➡ | 1 | 9 | − | 3 | = | | |

8 $4-2=\boxed{}$ ➡ | 1 | 4 | − | 2 | = | | |

07 뺄셈하기 (2)

🌵 15-3의 세로셈 계산하기

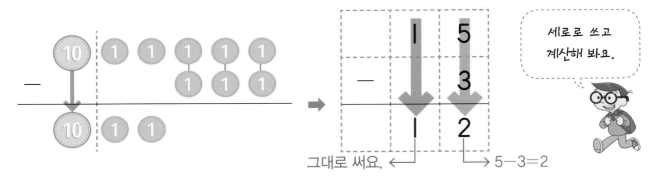

그대로 써요. ←   → 5-3=2

세로로 쓰고
계산해 봐요.

● 뺄셈을 하세요.

1

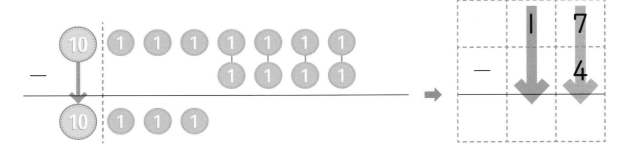

2

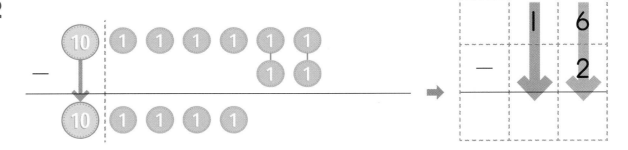

3

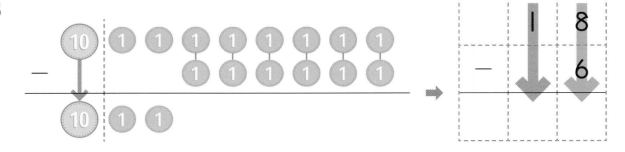

4 뺄셈을 하세요.

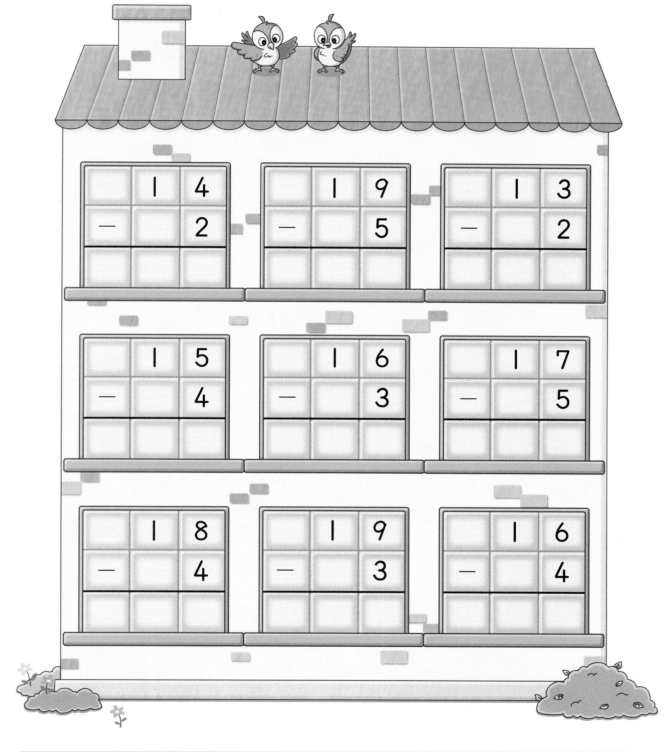

	1	4
−		2

	1	9
−		5

	1	3
−		2

	1	5
−		4

	1	6
−		3

	1	7
−		5

	1	8
−		4

	1	9
−		3

	1	6
−		4

 • 세로셈은 세로로 같은 줄끼리 계산합니다. 이때, 십의 자리 수 1을 그대로 내려 씁니다.

08 뺄셈하기 (3)

🌵 15−3의 가로셈과 세로셈

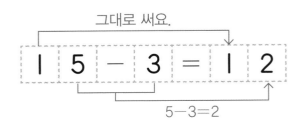

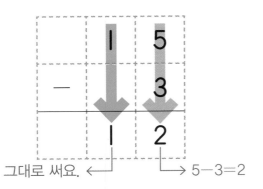

● 뺄셈을 하세요.

1 14−3=[ ]

2 16−3=[ ]

3 17−3=[ ]

4 19−2=[ ]

5
```
   1 8
 −   4
 ─────
 [     ]
```

6
```
   1 3
 −   2
 ─────
 [     ]
```

7
```
   1 5
 −   2
 ─────
 [     ]
```

 • (십몇)−(몇)의 뺄셈은 십의 자리는 그대로 쓰고, 일의 자리 수끼리 계산합니다.

8 뺄셈을 하세요.

$15-4=$ ⬜

$19-3=$ ⬜

$\begin{array}{r} 16 \\ -\ 2 \\ \hline \end{array}$ ⬜

$14-2=$ ⬜

$\begin{array}{r} 17 \\ -\ 4 \\ \hline \end{array}$ ⬜

$\begin{array}{r} 18 \\ -\ 3 \\ \hline \end{array}$ ⬜

$13-1=$ ⬜

09 무엇을 배웠나요? ❶

● 파란색 수만큼 /으로 지우고 뺄셈을 하세요.

1

$$16 - 3 = \boxed{}$$

2

$$18 - 4 = \boxed{}$$

3

$$14 - 2 = \boxed{}$$

4

$$15 - 4 = \boxed{}$$

5

$$19 - 5 = \boxed{}$$

6

$$17 - 3 = \boxed{}$$

● 초록색 수만큼 거꾸로 세어 뺄셈을 하세요.

7

|14|15|16|17|18|**19**|20|

19−4=☐

8

|12|13|14|15|16|**17**|18|

17−2=☐

9

|11|12|13|14|15|**16**|17|

16−4=☐

10

|13|14|15|16|17|**18**|19|

18−5=☐

11

|14|15|16|17|18|**19**|20|

19−3=☐

12

|12|13|14|15|16|**17**|18|

17−5=☐

10 무엇을 배웠나요? ❷

● 뺄셈을 하세요.

1 $14-3=$ ☐

2 $16-2=$ ☐

3 $19-4=$ ☐

4 $15-1=$ ☐

5 $13-2=$ ☐

6 $18-6=$ ☐

7 $12-1=$ ☐

8 $17-3=$ ☐

9 $15-3=$ ☐

10 $16-3=$ ☐

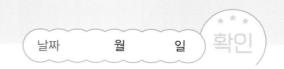
11
　　1 9
－　　5
　□

12
　　1 4
－　　1
　□

13
　　1 5
－　　4
　□

14
　　1 7
－　　3
　□

15
　　1 8
－　　5
　□

16
　　1 3
－　　1
　□

17
　　1 5
－　　2
　□

18
　　1 9
－　　6
　□

19
　　1 6
－　　5
　□

4 30까지의 수

❖ 21~30까지의 수

21
이십일, 스물하나

22
이십이, 스물둘

23
이십삼, 스물셋

24
이십사, 스물넷

25
이십오, 스물다섯

26
이십육, 스물여섯

27
이십칠, 스물일곱

28
이십팔, 스물여덟

29
이십구, 스물아홉

30
삼십, 서른

01 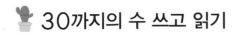 21~30까지의 수

🌵 30까지의 수 쓰고 읽기

21
이십일, 스물하나

22
이십이, 스물둘

23
이십삼, 스물셋

24
이십사, 스물넷

25
이십오, 스물다섯

26
이십육, 스물여섯

27
이십칠, 스물일곱

28
이십팔, 스물여덟

29
이십구, 스물아홉

30
삼십, 서른

● 구슬의 수를 읽으며 따라 써 보세요.

1 21 | 21 | 21 | 21 | 21

2 22 | 22 | 22 | 22 | 22

3 23 | 23 | 23 | 23 | 23

4 24 | 24 | 24 | 24 | 24

● 달걀의 수를 읽으며 따라 써 보세요.

5

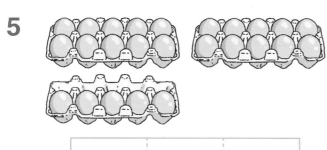

| 25 | 25 | 25 |

6

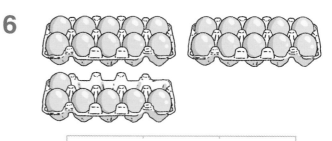

| 26 | 26 | 26 |

7

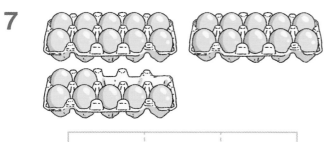

| 27 | 27 | 27 |

8

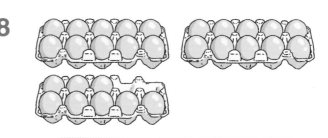

| 28 | 28 | 28 |

9

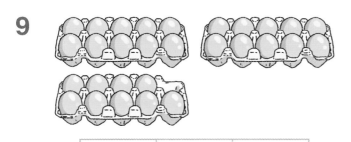

| 29 | 29 | 29 |

10

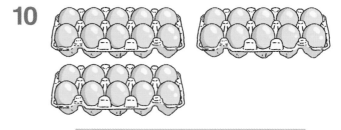

| 30 | 30 | 30 |

• 그림을 보고 수를 읽으면서 따라 써 봅니다.
• 25는 이십오, 스물다섯과 같이 두 가지 방법으로 읽을 수 있으며 이십다섯과 같이 읽지 않도록 주의합니다.

02 그림을 보고 세어 보기

🌵 도넛의 수 세어 보기

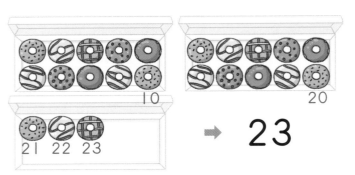

도넛이 23개
있어요.

➡ 23

● 쿠키의 수를 세어 ◯ 안에 알맞은 수를 써 보세요.

1

10　20　21 22
22

2

3

4

● 물고기의 수를 세어 알맞은 수를 써 보세요.

5	🐟	6	🐟	7	🐠	8	🐟

꿀Tip

· 10개씩 모여있는 물고기를 기준으로 20까지 먼저 세어본 다음, 나머지 물고기의 수를 이어 셉니다.

03 모두 몇 개인지 세어 보기

🌵 달걀을 모으면 모두 몇 개인지 세어 보기

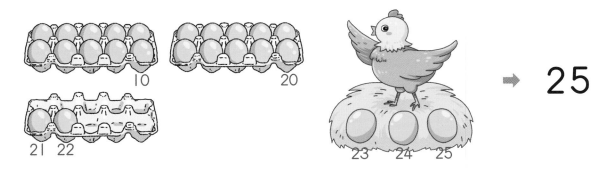

➡ 25

◗ 구슬을 모으면 모두 몇 개인지 세어 보세요.

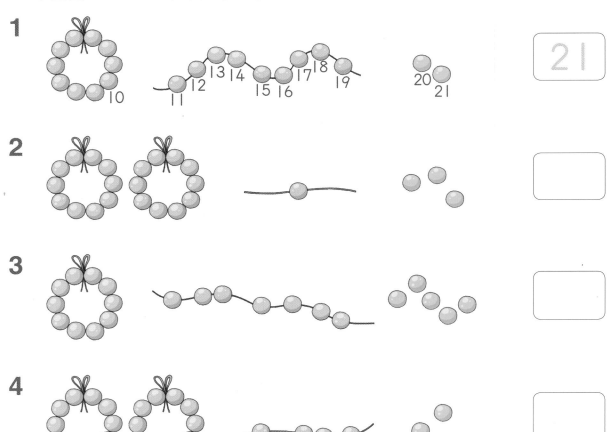

1 21

2

3

4

 · 줄에 꿰어져 있는 구슬의 수를 먼저 세어본 다음, 낱개의 구슬을 이어 세어 모두 몇 개인지 알아봅니다.

● 색연필을 모으면 모두 몇 개인지 세어 보세요.

5

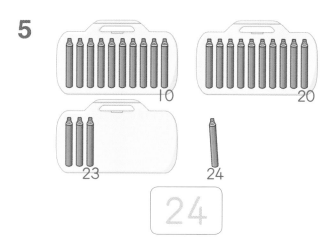

$$24$$

6

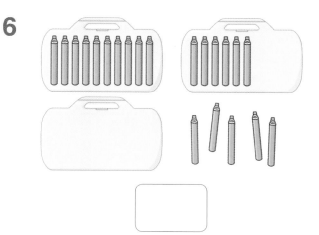

7

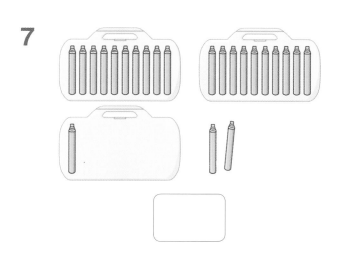

8

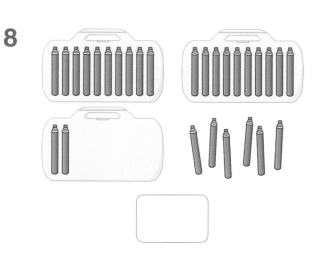

9

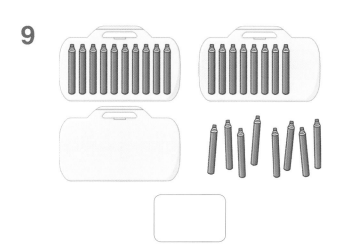

10

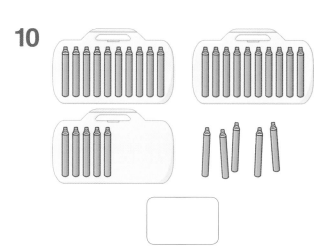

04 남은 것은 몇 개인지 세어 보기

🌵 /으로 지우고 남은 연결 모형은 몇 개인지 세어 보기

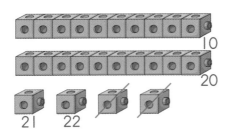 ➡ **22**

24개에서 2개를 지우고 남은 연결 모형은 22개예요.

● 지우고 남은 연결 모형의 수에 ◯표 하세요.

1

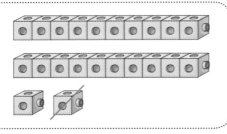

(20, **㉑**, 22)

2

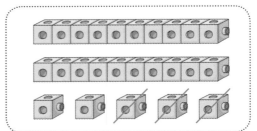

(22, 23, 24)

3

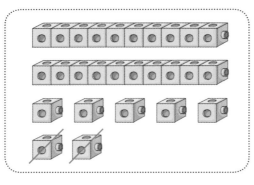

(24, 25, 26)

4

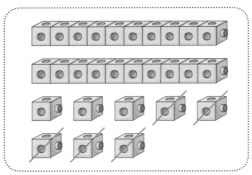

(23, 24, 25)

 • /으로 지우기 전의 연결 모형의 수에서 지운 연결 모형의 수를 빼면 몇 개가 남는지 세어 보는 활동입니다.

● 먹고 남은 초콜릿은 몇 개인지 세어 보세요.

5

6

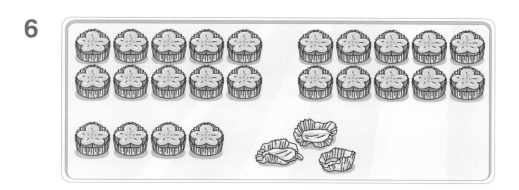

7

8

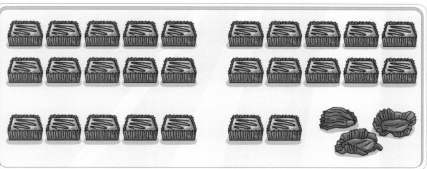

05 | 만큼 더 큰 수, | 만큼 더 작은 수

🌵 24보다 | 만큼 더 큰 수와 | 만큼 더 작은 수 알아보기

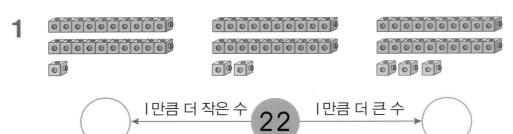

| 24보다
| 만큼 더 작은 수 | **23** | | 만큼 더 작은 수 | **24** | | 만큼 더 큰 수 | **25** | 24보다
| 만큼 더 큰 수 |

● 그림을 보고 빈칸에 알맞은 수를 써 보세요.

1

( ) ← | 만큼 더 작은 수 — **22** — | 만큼 더 큰 수 → ( )

2

( ) ← | 만큼 더 작은 수 — **25** — | 만큼 더 큰 수 → ( )

3

( ) ← | 만큼 더 작은 수 — **27** — | 만큼 더 큰 수 → ( )

● 사탕의 수보다 Ⅰ만큼 더 작은 수를  에, Ⅰ만큼 더 큰 수를 에 써 보세요.

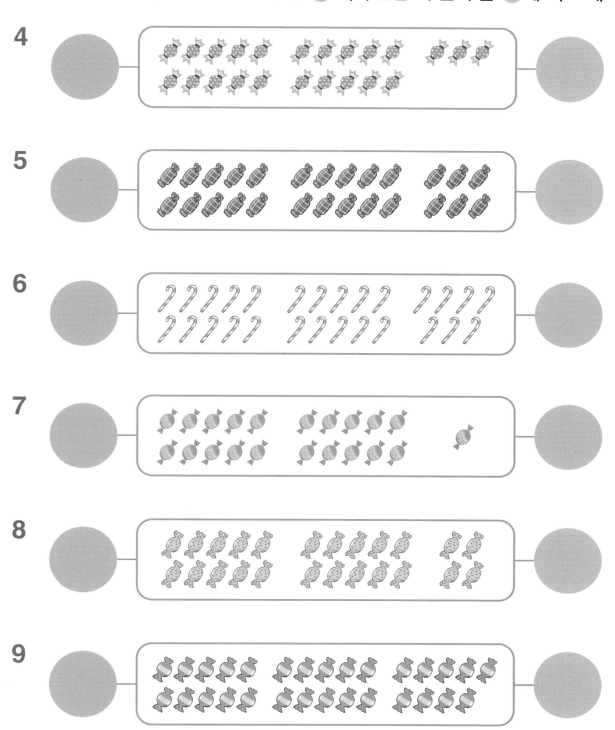

4

5

6

7

8

9

 • 먼저 사탕이 몇 개인지 세어 보고 사탕의 개수보다 하나 더 적은 것이 Ⅰ만큼 더 작은 수, 하나 더 많은 것이 Ⅰ만큼 더 큰 수
임을 알 수 있습니다.

06 30까지의 수의 순서

🌵 수의 순서 알아보기

| 21 | 22 | 23 | 24 | 25 | 26 | 27 | 28 | 29 | 30 |

30까지의 수의 순서를 알아보아요.

● 수의 순서에 맞게 빈칸에 알맞은 수를 써 보세요.

1
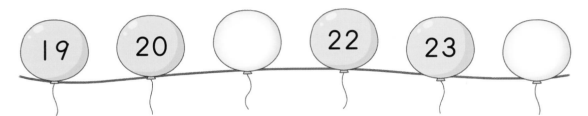

2
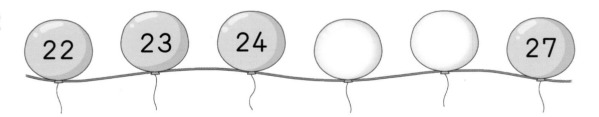

3

4

5 수의 순서에 따라 차례대로 점을 선으로 이어 그림을 완성해 보세요.

● 달걀의 수를 세어 알맞은 수를 써 보세요.

1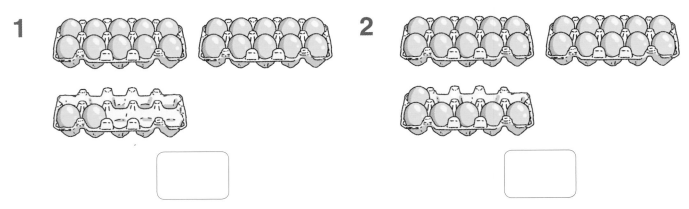

2

● 연결 모형의 수보다 I 만큼 더 작은 수를 ⬤에, I 만큼 더 큰 수를 ⬤에 써 보세요.

3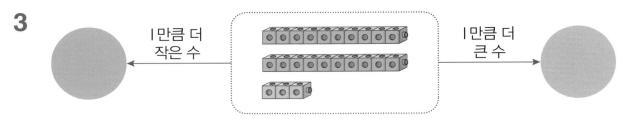

I만큼 더 작은 수 ← → I만큼 더 큰 수

4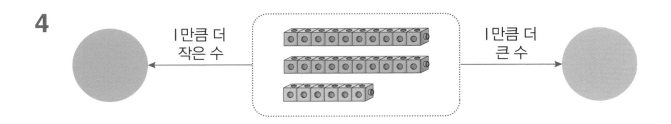

I만큼 더 작은 수 ← → I만큼 더 큰 수

5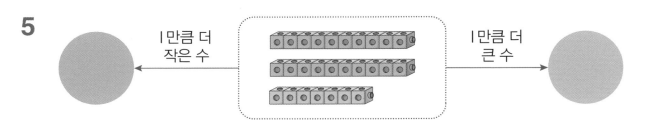

I만큼 더 작은 수 ← → I만큼 더 큰 수

● 초콜릿을 모으면 모두 몇 개인지 알맞은 수에 ◯표 하세요.

6
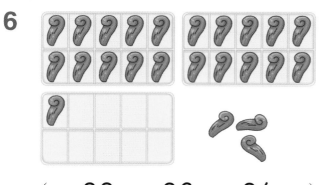

(　22，　　23，　　24　)

7
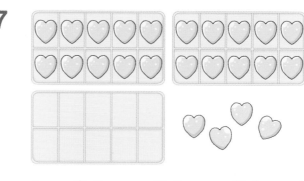

(　22，　　23，　　24　)

● /으로 지우고 남은 연결 모형의 수를 써 보세요.

8
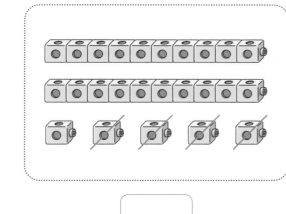

9
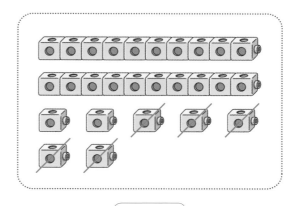

● 수의 순서에 맞게 빈칸에 알맞은 수를 써 보세요.

10 [20]–[21]–[　]–[23]–[24]–[　]

11 [22]–[　]–[24]–[25]–[　]–[27]

12 [25]–[26]–[　]–[　]–[29]–[　]

30까지의 수의 덧셈

❖ 2 l + 2 계산하기

• 수를 이어 세어 덧셈하기

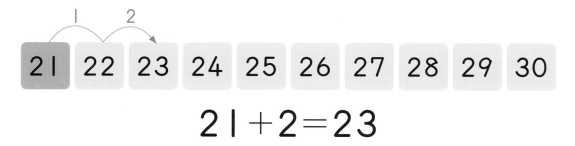

| 21 | 22 | 23 | 24 | 25 | 26 | 27 | 28 | 29 | 30 |

$$2l + 2 = 23$$

• 가로셈과 세로셈

| 2 | l | + | 2 | = | 2 | 3 |

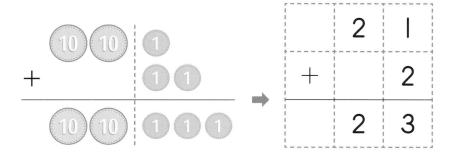

	2	l
+		2
	2	3

01 그림을 이어 세어 덧셈하기

🌵 그림을 보고 이어 세어 21+2 계산하기

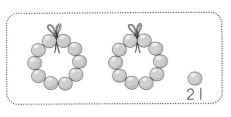

$$21+2=23$$

● 그림을 보고 이어 세어 덧셈을 하세요.

1

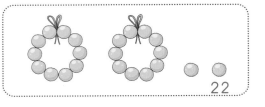

$$22+2=\boxed{}$$

2

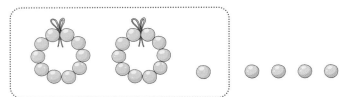

$$21+4=\boxed{}$$

3

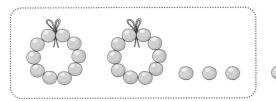

$$23+3=\boxed{}$$

4

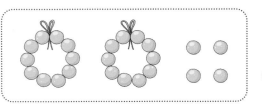

$$24+3=\boxed{}$$

 · 그림을 이용하여 주황색 구슬의 수부터 초록색 구슬의 수만큼 이어 세어 덧셈을 할 수 있습니다.

● 그림을 보고 이어 세어 덧셈을 하세요.

5

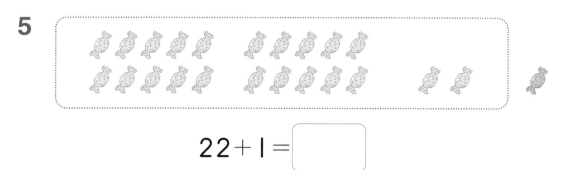

$$22+1=\boxed{}$$

6

$$23+2=\boxed{}$$

7

$$24+4=\boxed{}$$

8

$$26+3=\boxed{}$$

02 색칠하거나 그리고 덧셈하기

🌵 연결 모형을 색칠하고 2 | + 2 계산하기

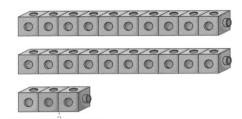

2개를 색칠해요.

$$2 | + 2 = 23$$

● 파란색 수만큼 색칠하고 덧셈을 하세요.

1

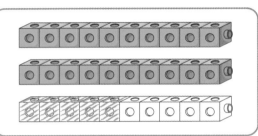

$$20 + 5 = \boxed{}$$

2

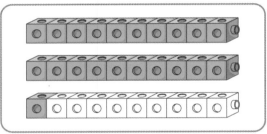

$$2 | + 4 = \boxed{}$$

3

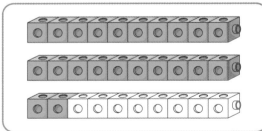

$$22 + 4 = \boxed{}$$

4

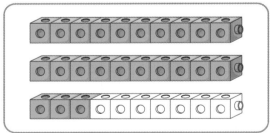

$$23 + 5 = \boxed{}$$

 • 더하는 수(파란색 수)만큼 연결 모형을 색칠하고 모두 몇 개가 되었는지 알아봄으로써 덧셈을 할 수 있습니다.

● 파란색 수만큼 달걀판에 ◯를 그리고 덧셈을 하세요.

5
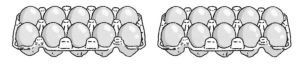

$22 + 3 =$ ☐

6
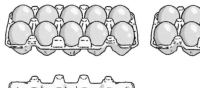

$25 + 1 =$ ☐

7
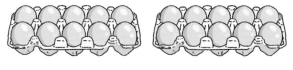

$24 + 2 =$ ☐

8
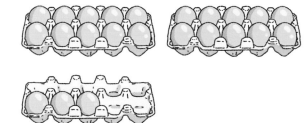

$23 + 4 =$ ☐

9
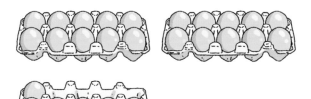

$26 + 2 =$ ☐

10
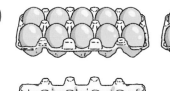

$25 + 4 =$ ☐

· 더하는 수(파란색 수)만큼 ◯를 그리고 원래 있던 달걀의 수와 ◯의 수를 세어 모두 몇 개가 되었는지 알아봄으로써 덧셈을 할 수 있습니다.

03 수를 이어 세어 덧셈하기

🌵 수를 이어 세어 21＋2 계산하기

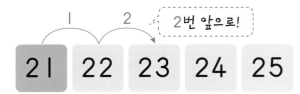

2번 앞으로!

| 21 | 22 | 23 | 24 | 25 |

$$21＋2＝23$$

● 파란색 수만큼 이어 세어 덧셈을 하세요.

1

| 20 | 21 | 22 | 23 | 24 | 25 |

$20＋2=\boxed{}$

2

| 22 | 23 | 24 | 25 | 26 | 27 |

$22＋3=\boxed{}$

3

| 24 | 25 | 26 | 27 | 28 | 29 |

$24＋4=\boxed{}$

4

| 25 | 26 | 27 | 28 | 29 | 30 |

$25＋4=\boxed{}$

 • 더하는 수(파란색 수)만큼 수를 이어 세어 덧셈을 할 수 있습니다.

● 빈칸에 알맞은 수를 쓰고 덧셈을 하세요.

5

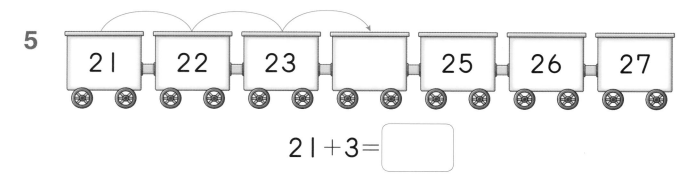

$21+3=$ ☐

6

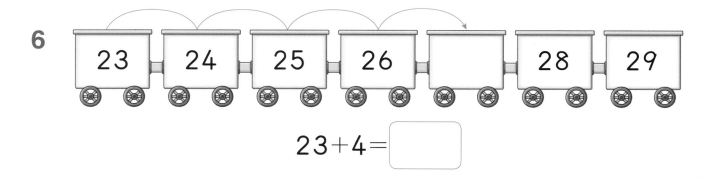

$23+4=$ ☐

7

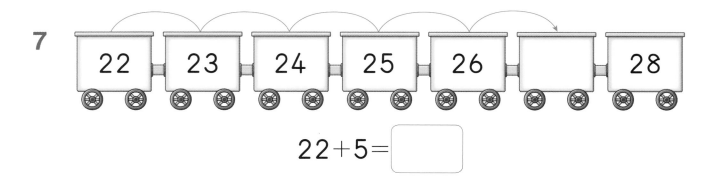

$22+5=$ ☐

8

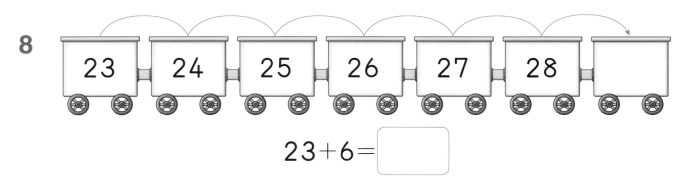

$23+6=$ ☐

04 덧셈하기 (1)

🌵 21 + 2의 가로셈 계산하기

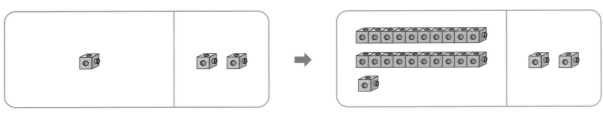

$$1 + 2 = 3$$

$$21 + 2 = 23$$

● 덧셈을 하세요.

1

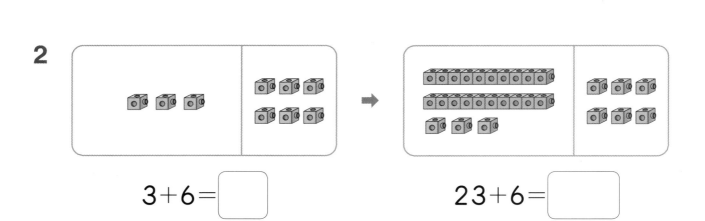

$$2 + 5 = \boxed{}$$

$$22 + 5 = \boxed{}$$

2

$$3 + 6 = \boxed{}$$

$$23 + 6 = \boxed{}$$

 • 한 자리 수끼리의 덧셈을 이용하여 (두 자리 수)+(한 자리 수)를 계산해 봅니다. 십의 자리는 그대로 쓰고, 일의 자리는 한 자리 수끼리 덧셈의 결과를 씁니다.

● 덧셈을 하세요.

3

$$3+2=\boxed{}$$

$$23+2=\boxed{}$$

4

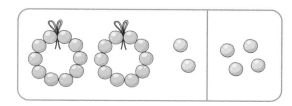

$$2+4=\boxed{}$$

$$22+4=\boxed{}$$

5

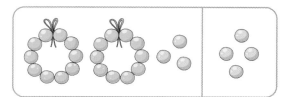

$$3+4=\boxed{}$$

$$23+4=\boxed{}$$

6

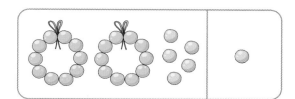

$$5+1=\boxed{}$$

$$25+1=\boxed{}$$

7

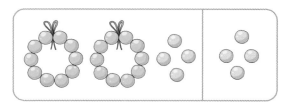

$$4+4=\boxed{}$$

$$24+4=\boxed{}$$

8

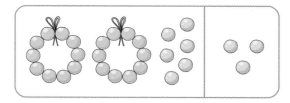

$$6+3=\boxed{}$$

$$26+3=\boxed{}$$

05 덧셈하기 (2)

🌵 21＋2의 세로셈 계산하기

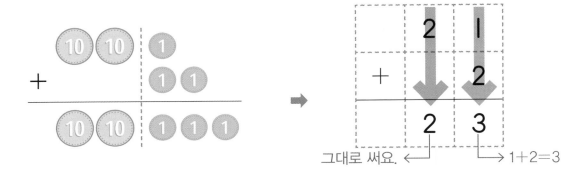

그대로 써요. ← ／ ／ → 1＋2＝3

● 덧셈을 하세요.

1

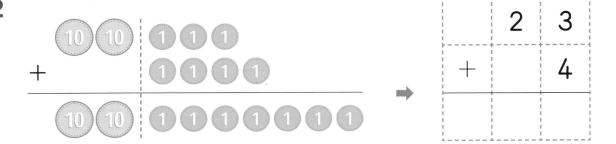

	2	2
＋		3

2

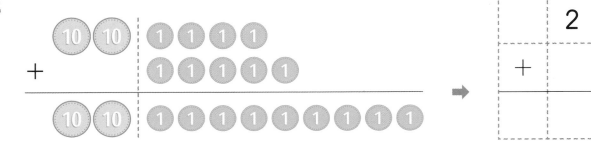

	2	3
＋		4

3

	2	4
＋		5

● **덧셈을 하세요.**

4
```
    2 1
+     4
_____
```

5
```
    2 3
+     3
_____
```

6
```
    2 4
+     2
_____
```

7
```
    2 5
+     1
_____
```

8
```
    2 5
+     2
_____
```

9
```
    2 3
+     5
_____
```

10
```
    2 4
+     4
_____
```

11
```
    2 5
+     4
_____
```

12
```
    2 6
+     3
_____
```

 • 십의 자리는 그대로 2를 내려 쓰고, 일의 자리는 일의 자리끼리 더합니다.

06 덧셈하기 (3)

🌵 21+2의 가로셈과 세로셈

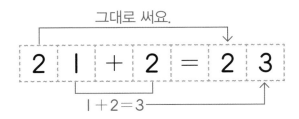

그대로 써요.

$2 \quad 1 \quad + \quad 2 \quad = \quad 2 \quad 3$

1+2=3

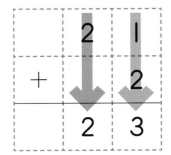

● 덧셈을 하세요.

1 23+2= ⬜

2 22+4= ⬜

3 25+3= ⬜

4 22+7= ⬜

5
```
  21
+  6
─────
```

6
```
  26
+  2
─────
```

7
```
  28
+  1
─────
```

· 가로셈이나 세로셈을 계산할 때 십의 자리는 그대로 쓰고, 일의 자리는 일의 자리끼리 더합니다.

8 덧셈을 하세요.

$$\begin{array}{r} 23 \\ +\ 1 \\ \hline \end{array}$$

$22+5=$

$24+3=$

$$\begin{array}{r} 24 \\ +\ 4 \\ \hline \end{array}$$

$$\begin{array}{r} 27 \\ +\ 1 \\ \hline \end{array}$$

$25+4=$

07 무엇을 배웠나요? ❶

● 연결 모형은 모두 몇 개인지 덧셈을 하세요.

1

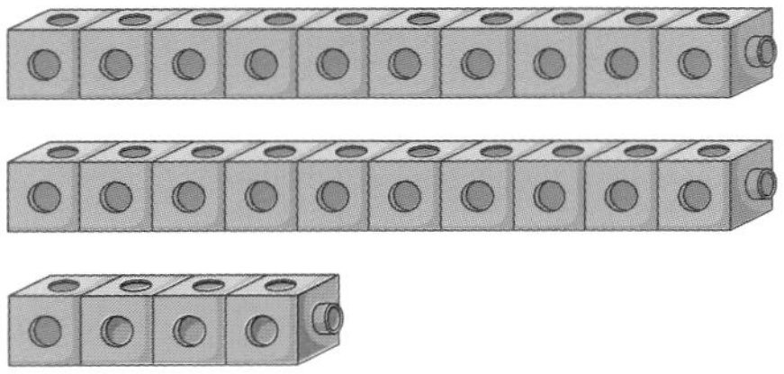

$21+3=$ ⬜

2

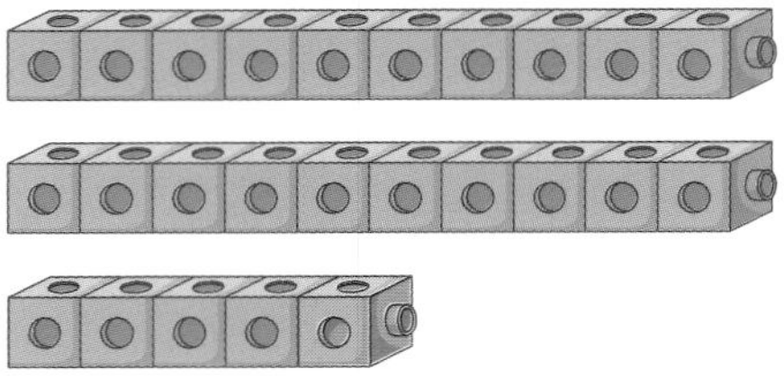

$24+1=$ ⬜

3

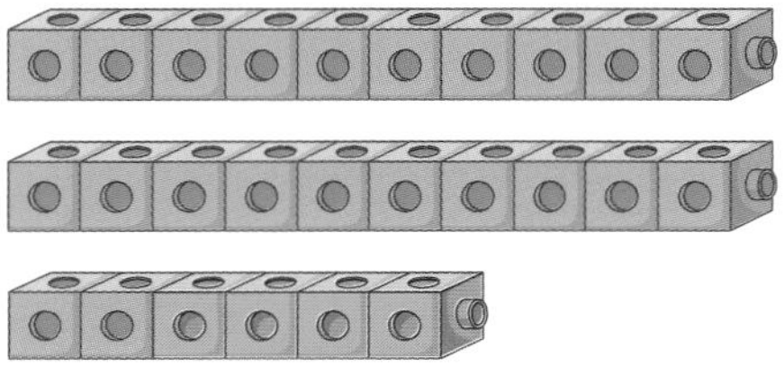

$22+4=$ ⬜

4

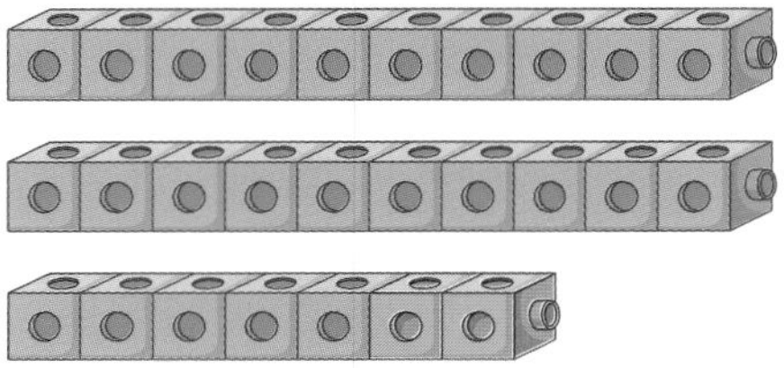

$25+2=$ ⬜

5

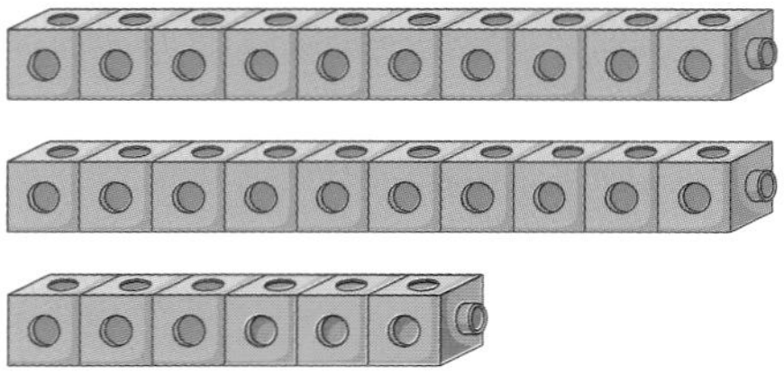

$23+3=$ ⬜

6

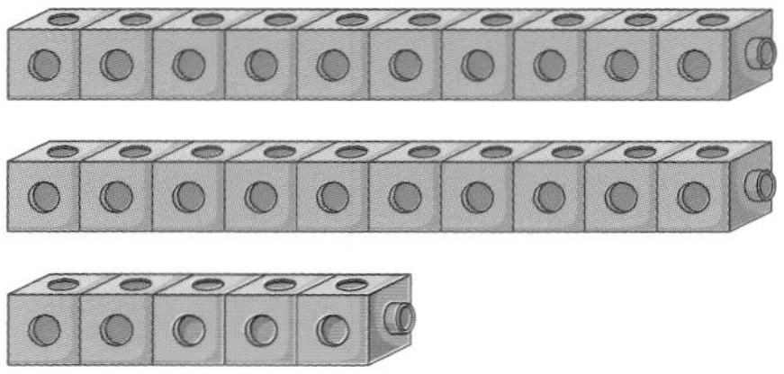

$22+3=$ ⬜

● 빈칸에 알맞은 수를 쓰고 덧셈을 하세요.

7 22 23 [ ] 25 26 27   22+2=[ ]

8 25 26 27 28 [ ] 30   25+4=[ ]

9 24 25 26 [ ] 28 29   24+3=[ ]

10 21 22 23 24 25 [ ]   21+5=[ ]

11 23 24 [ ] 26 27 28   23+2=[ ]

12 25 26 27 [ ] 29 30   25+3=[ ]

08 무엇을 배웠나요? ❷

● 덧셈을 하세요.

1 20+3=☐

2 22+2=☐

3 23+4=☐

4 21+7=☐

5 24+5=☐

6 23+3=☐

7 21+4=☐

8 25+3=☐

9 26+1=☐

10 27+2=☐

11   21
    + 1
    ☐

12   26
    + 3
    ☐

13   22
    + 3
    ☐

14   20
    + 5
    ☐

15   25
    + 1
    ☐

16   26
    + 2
    ☐

17   24
    + 4
    ☐

18   21
    + 2
    ☐

19   21
    + 8
    ☐

6 30까지의 수의 뺄셈

쿠키 24개가 있네.

쿠키 3개를 먹으면 쿠키가 몇 개 남을까?

이번에 공부할 내용을 보고 알아봐요.

❖ 24 − 3 계산하기

- 수를 거꾸로 세어 뺄셈하기

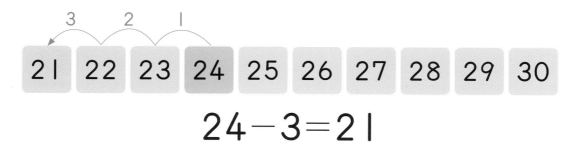

$$24 - 3 = 21$$

- 가로셈과 세로셈

2	4	−	3	=	2	1

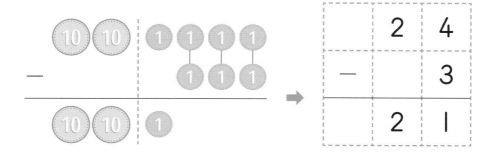

01 그림을 보고 뺄셈하기

🌵 그림을 보고 24 - 3 계산하기

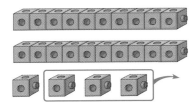

$$24 - 3 = 21$$

● 그림을 보고 뺄셈을 하세요.

1

$$22 - 1 = \boxed{}$$

2

$$25 - 3 = \boxed{}$$

3

$$26 - 3 = \boxed{}$$

4

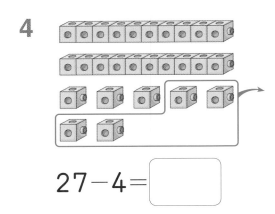

$$27 - 4 = \boxed{}$$

· 덜어 내기 전의 연결 모형의 수를 먼저 세어 보고, 덜어 낸 후의 연결 모형의 수를 세어 보며 뺄셈을 할 수 있습니다.

● 그림을 보고 뺄셈을 하세요.

5

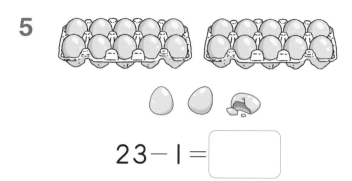

$23 - 1 =$

6

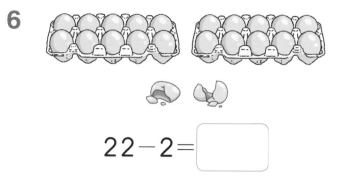

$22 - 2 =$

7

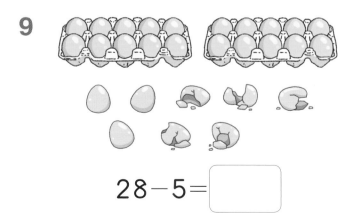

$25 - 4 =$

8

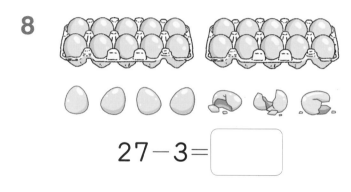

$27 - 3 =$

9

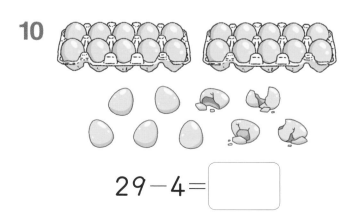

$28 - 5 =$

10

$29 - 4 =$

02 지우고 뺄셈하기

🌵 /으로 지우고 24−3 계산하기

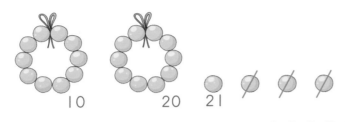

$$24 - 3 = 21$$

● 빨간색 수만큼 /으로 지우고 뺄셈을 하세요.

1

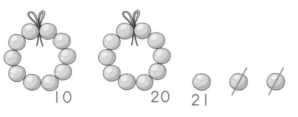

$23 - 2 =$

2

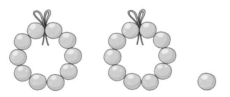

$25 - 3 =$

3

$26 - 4 =$

4

$27 - 6 =$

 • 빼는 수(빨간색 수)만큼 /으로 지우고 남은 것을 세어 뺄셈을 할 수 있습니다.

● 빈칸에 알맞은 수를 쓰고 뺄셈을 하세요.

5

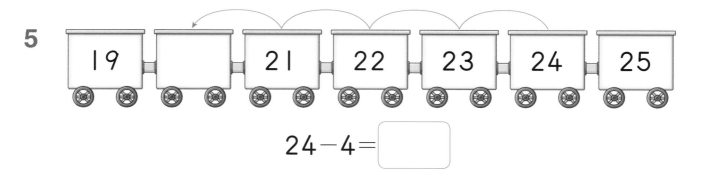

$$24-4=\boxed{}$$

6

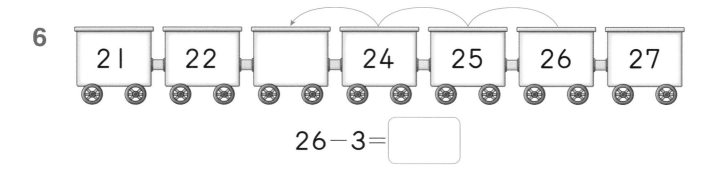

$$26-3=\boxed{}$$

7

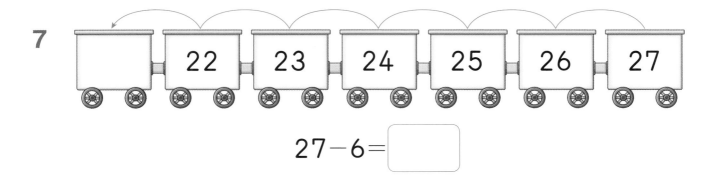

$$27-6=\boxed{}$$

8

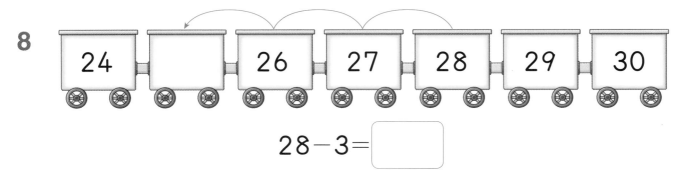

$$28-3=\boxed{}$$

04 뺄셈하기 (1)

🌵 24−3의 가로셈 계산하기

$4-3=1$ $24-3=21$

● 뺄셈을 하세요.

1

$2-1=\boxed{}$ $22-1=\boxed{}$

2

$6-3=\boxed{}$ $26-3=\boxed{}$

3

$7-3=\boxed{}$ $27-3=\boxed{}$

 • 한 자리 수끼리의 뺄셈을 이용하여 (두 자리 수)−(한 자리 수)를 계산해 봅니다. 십의 자리는 그대로 쓰고, 일의 자리는 한 자리 수끼리 뺄셈의 결과를 씁니다.

● 뺄셈을 하세요.

4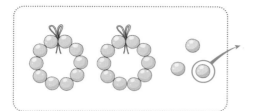

$$3-1=\boxed{}$$

$$23-1=\boxed{}$$

5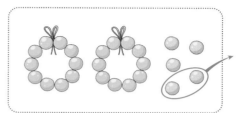

$$5-2=\boxed{}$$

$$25-2=\boxed{}$$

6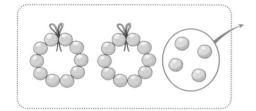

$$4-4=\boxed{}$$

$$24-4=\boxed{}$$

7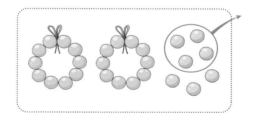

$$7-4=\boxed{}$$

$$27-4=\boxed{}$$

8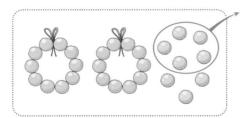

$$8-5=\boxed{}$$

$$28-5=\boxed{}$$

9

$$9-7=\boxed{}$$

$$29-7=\boxed{}$$

05 뺄셈하기 (2)

🌵 24 − 3의 세로셈 계산하기

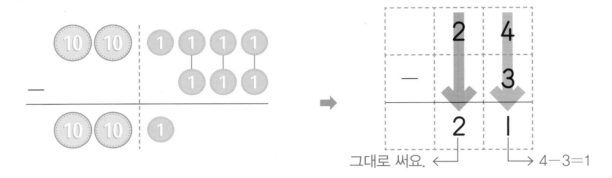

그대로 써요. ←   → 4−3=1

● 뺄셈을 하세요.

1

		2	2
	−		2

2

		2	5
	−		4

3

		2	6
	−		3

● 뺄셈을 하세요.

4

```
   2 2
 -   1
```

5

```
   2 3
 -   3
```

6

```
   2 4
 -   2
```

7

```
   2 5
 -   3
```

8

```
   2 7
 -   4
```

9

```
   2 6
 -   5
```

10

```
   2 7
 -   2
```

11

```
   2 8
 -   5
```

12

```
   2 9
 -   8
```

• 십의 자리는 그대로 2를 내려 쓰고, 일의 자리는 일의 자리의 수끼리 뺍니다.

06 뺄셈하기 (3)

🌵 24−3의 가로셈과 세로셈

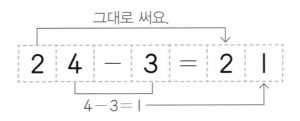

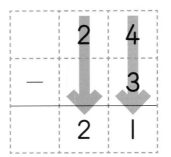

● 뺄셈을 하세요.

1 24−2= ☐

2 25−3= ☐

3 26−5= ☐

4 28−4= ☐

5 27
  − 1
  ☐

6 28
  − 3
  ☐

7 29
  − 5
  ☐

 • 가로셈이나 세로셈을 계산할 때 십의 자리는 그대로 쓰고, 일의 자리는 일의 자리끼리 뺄셈을 합니다.

8 뺄셈을 하세요.

$$23 - 2 = \boxed{}$$

$$24 - 4 = \boxed{}$$

$$29 - 3 = \boxed{}$$

$$26 - 3 = \boxed{}$$

$$27 - 5 = \boxed{}$$

$$29 - 6 = \boxed{}$$

무엇을 배웠나요? ❶

● 뺄셈을 하세요.

1

$23 - 2 = \boxed{}$

2

$24 - 4 = \boxed{}$

3

$26 - 5 = \boxed{}$

4

$28 - 3 = \boxed{}$

5

$23 - 1 = \boxed{}$

6

$25 - 4 = \boxed{}$

● 빈칸에 알맞은 수를 쓰고 뺄셈을 하세요.

7

	25	26	27	28	29

$29 - 5 = \boxed{}$

8

21		23	24	25	26

$26 - 4 = \boxed{}$

9

23		25	26	27	28

$28 - 4 = \boxed{}$

10

20		22	23	24	25

$23 - 2 = \boxed{}$

11

21		23	24	25	26

$25 - 3 = \boxed{}$

12

22		24	25	26	27

$27 - 4 = \boxed{}$

08 무엇을 배웠나요? ❷

● 뺄셈을 하세요.

1 23−3= ☐

2 25−3= ☐

3 24−1= ☐

4 27−5= ☐

5 29−2= ☐

6 26−5= ☐

7 25−2= ☐

8 28−4= ☐

9 27−7= ☐

10 24−3= ☐

11
```
   28
 −  3
```

12
```
   23
 −  2
```

13
```
   26
 −  4
```

14
```
   22
 −  2
```

15
```
   24
 −  2
```

16
```
   25
 −  4
```

17
```
   26
 −  3
```

18
```
   27
 −  5
```

19
```
   29
 −  8
```

☀️ **공룡의 알을 찾아라!**

♣ 덧셈을 하여 공룡의 알을 찾아 선으로 이어 보세요.

水 漁 之 交
물 물고기 갈 사귈
수 어 지 교

물고기에게 물은 정말 소중한 존재이지요.
수어지교란 물고기와 물의 관계처럼,
아주 친밀하여 떨어질 수 없는 사이
또는 깊은 우정을 일컫는 말이랍니다.

뭘 좋아할지 몰라 다 준비했어♥
전과목 교재

전과목 시리즈 교재

●무듬샘 해법시리즈
– 국어/수학	1~6학년, 학기용
– 사회/과학	3~6학년, 학기용
– 봄·여름/가을·겨울	1~2학년, 학기용
– SET(전과목/국수, 국사과)	1~6학년, 학기용

●똑똑한 하루 시리즈
– 똑똑한 하루 독해	예비초~6학년, 총 14권
– 똑똑한 하루 글쓰기	예비초~6학년, 총 14권
– 똑똑한 하루 어휘	예비초~6학년, 총 14권
– 똑똑한 하루 한자	예비초~6학년, 총 14권
– 똑똑한 하루 수학	1~6학년, 학기용
– 똑똑한 하루 계산	예비초~6학년, 총 14권
– 똑똑한 하루 도형	예비초~6학년, 총 8권
– 똑똑한 하루 사고력	1~6학년, 학기용
– 똑똑한 하루 사회/과학	3~6학년, 학기용
– 똑똑한 하루 봄/여름/가을/겨울	1~2학년, 총 8권
– 똑똑한 하루 안전	1~2학년, 총 2권
– 똑똑한 하루 Voca	3~6학년, 학기용
– 똑똑한 하루 Reading	초3~초6, 학기용
– 똑똑한 하루 Grammar	초3~초6, 학기용
– 똑똑한 하루 Phonics	예비초~초등, 총 8권

●독해가 힘이다 시리즈
– 초등 문해력 독해가 힘이다 비문학편	3~6학년
– 초등 수학도 독해가 힘이다	1~6학년, 학기용
– 초등 문해력 독해가 힘이다 문장제수학편	1~6학년, 총 12권

영어 교재

●초등영어 교과서 시리즈
파닉스(1~4단계)	3~6학년, 학년용
영단어(1~4단계)	3~6학년, 학년용

●LOOK BOOK 영단어	3~6학년, 단행본
●원서 읽는 LOOK BOOK 영단어	3~6학년, 단행본

국가수준 시험 대비 교재

●해법 기초학력 진단평가 문제집	2~6학년·중1 신입생, 총 6권

똑똑한 하루

빅터 연산

정답 모음집 B

예비초

천재교육

정답 및 풀이
포인트 ③가지

▶ 쉽게 찾을 수 있는 정답

▶ 알아보기 쉽게 정리된 정답

▶ 혼자서도 이해할 수 있는 친절한 문제 풀이

01 | 11~20까지의 수

날짜   월   일   확인

20까지의 수 쓰고 읽기

| 11 십일 열하나 | 12 십이 열둘 | 13 십삼 열셋 | 14 십사 열넷 | 15 십오 열다섯 |

| 16 십육 열여섯 | 17 십칠 열일곱 | 18 십팔 열여덟 | 19 십구 열아홉 | 20 이십 스물 |

● 구슬의 수를 읽으며 따라 써 보세요.

1 11 | 11 | 11 | 11 | 11

2 12 | 12 | 12 | 12 | 12

3 13 | 13 | 13 | 13 | 13

4 14 | 14 | 14 | 14 | 14

● 음식의 수를 읽으며 따라 써 보세요.

5 15 | 15 | 15

6 16 | 16 | 16

7 17 | 17 | 17

8 18 | 18 | 18

9 19 | 19 | 19

10 20 | 20 | 20

> · 그림을 보고 수를 읽으면서 따라 써 봅니다.
> · 11은 십일, 열하나와 같이 두 가지 방법으로 읽을 수 있으며 십하나와 같이 읽지 않도록 주의합니다.

02 | 그림을 보고 세어 보기

날짜   월   일   확인

크레파스의 수 세어 보기

1 2 3 4 5 6 7 8 9 10 11 → 11

1 2 3 4 5 6 7 8 9 10 11 12 → 12

크레파스를 하나씩 세어 봐요.

● 빵의 수를 세어 알맞은 수에 ○표 하세요.

1 (11 . 12 . 13 . ⑭)

2 (13 . 14 . 15 . ⑯)

3 (11 . ⑫ . 13 . 14)

4 (14 . 15 . 16 . ⑰)

● 그림을 보고 수를 세어 알맞은 수를 써 보세요.

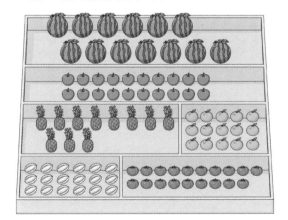

5 → 13

6 → 20

7 → 11

8 → 15

9 → 18

10 → 19

> · 하나씩 세어볼 때 빠뜨리거나 두 번 세지 않도록 /, ∨, ○ 등으로 표시하면서 셉니다.

03 10개씩 묶음과 낱개의 수

날짜 월 일 확인

🧩 연결 모형의 수 알아보기

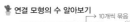
→ 10개씩 묶음

10개씩 묶음	낱개
1	4

→ 14
↓ 낱개

● 그림을 보고 빈칸에 알맞은 수를 써 보세요.

1

10개씩 묶음	낱개
1	2

→ 12

2

10개씩 묶음	낱개
1	5

→ 15

3

10개씩 묶음	낱개
1	7

→ 17

개념 tip · 10개씩 묶음 1개, 낱개 4개이면 14이고, 반대로 14는 10개씩 묶음 1개, 낱개 4개와 같습니다.

● 구슬의 수를 ☐ 안에 써 보세요.

4 → 10개씩 묶음
→ 13
↓ 낱개

5 → 16

6 → 11

7 → 18

8 → 15

9 → 19

04 모두 몇 개인지 세어 보기

날짜 월 일 확인

🍬 사탕을 모으면 모두 몇 개인지 세어 보기

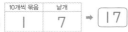
→ 15

● 사탕을 모으면 모두 몇 개인지 세어 보세요.

1
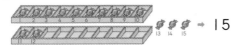
→ 18

2
→ 16

3
→ 17

4
→ 19

개념 tip · 상자에 담긴 사탕부터 먼저 세어 보고 상자 밖의 사탕을 이어 세어 모두 몇 개인지 알아봅니다.
· 사탕이 모두 몇 개인지 세어 봄으로써 덧셈의 개념을 이용하여 수를 알아보는 내용입니다.

● 달걀을 모으면 모두 몇 개인지 세어 보세요.

5

13

6
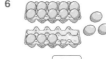
16

7
17

8

15

9
14

10

19

05 남은 것은 몇 개인지 세어 보기

날짜   월   일   확인

덜어 내고 남은 것은 몇 개인지 세어 보기

덜어 내고 남은
크레파스는 12개예요.

1 2 3 4 5 6 7 8 9 10 11 12 → 12

덜어 내고 남은 크레파스는 몇 개인지 세어 보세요.

1 → 14

2 → 11

3 → 15

4 → 13

• 전체 크레파스의 수에서 묶은 크레파스의 수를 덜어 내면 몇 개가 남는지 알아봅니다.
• 덜어 내고 남은 크레파스의 수를 세어 봄으로써 뺄셈의 개념을 이용하여 수를 알아보는 내용입니다.

덜어 내고 남은 구슬은 몇 개인지 세어 보세요.

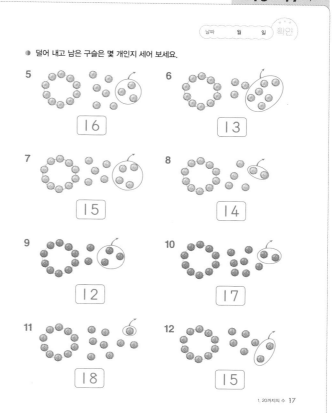

5 → 16   6 → 13

7 → 15   8 → 14

9 → 12   10 → 17

11 → 18   12 → 15

5번은 어느 것이든 상관없이 나뭇잎 1장을 ×로 지웠으면 정답으로 합니다.

06 1만큼 더 큰 수, 1만큼 더 작은 수

날짜   월   일   확인

12보다 1만큼 더 큰 수와 1만큼 더 작은 수 알아보기

11 ← 1만큼 더 작은 수 — 12 — 1만큼 더 큰 수 → 13

12보다 1만큼 더 작은 수   12보다 1만큼 더 큰 수

그림을 보고 1만큼 더 큰 수를 써 보세요.

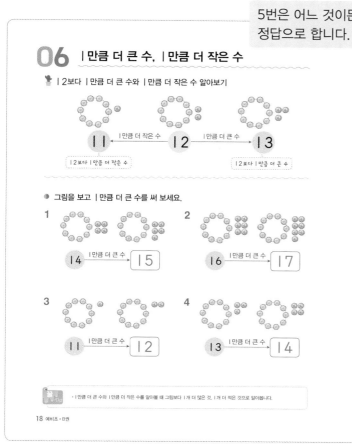

1 14 1만큼 더 큰 수 → 15

2 16 1만큼 더 큰 수 → 17

3 11 1만큼 더 큰 수 → 12

4 13 1만큼 더 큰 수 → 14

• 1만큼 더 큰 수와 1만큼 더 작은 수를 알아볼 때 그림보다 1개 더 많은 것, 1개 더 적은 것으로 알아봅니다.

5 나뭇잎 1장을 ×로 지우고 나뭇잎의 수보다 1만큼 더 작은 수를 써 보세요.

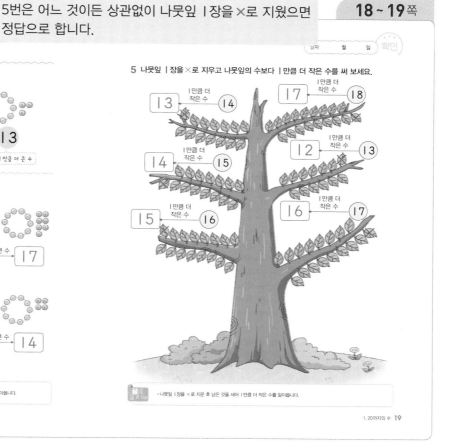

13 ← 1만큼 더 작은 수 — 14

17 — 1만큼 더 작은 수 → 18

12 — 1만큼 더 작은 수 → 13

14 ← 1만큼 더 작은 수 — 15

15 ← 1만큼 더 작은 수 — 16

16 — 1만큼 더 작은 수 → 17

• 나뭇잎 1장을 ×로 지운 후 남은 것을 세어 1만큼 더 작은 수를 알아봅니다.

07 20까지의 수의 순서

날짜   월   일   확인

📖 수의 순서 알아보기

| 1 | 2 | 3 | 4 | 5 | 6 | 7 | 8 | 9 | 10 |
| 11 | 12 | 13 | 14 | 15 | 16 | 17 | 18 | 19 | 20 |

● 수의 순서에 맞게 빈칸에 알맞은 수를 써 보세요.

1 12 13 14 15 16 17

2 9 10 11 12 13 14

3 14 15 16 17 18 19

4 11 12 13 14 15 16

tip ・1부터 20까지의 수를 순서대로 읽고 쓸 수 있도록 합니다.

20 예비초・B권

● 수의 순서에 따라 차례대로 점을 선으로 이어 그림을 완성해 보세요.

5
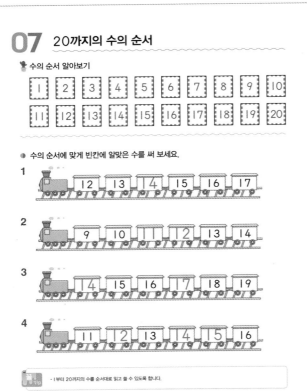

6
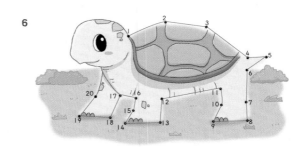

1. 20까지의 수 21

08 무엇을 배웠나요?

날짜   월   일   확인

● 그림을 보고 수를 세어 알맞은 수를 써 보세요.

1 16

2 14

3 11

4 13

5 15

6 17

● 연결 모형의 수보다 1만큼 더 큰 수와 1만큼 더 작은 수를 써 보세요.

7 1만큼 더 작은 수 12 13 1만큼 더 큰 수 14

8 1만큼 더 작은 수 15 16 1만큼 더 큰 수 17

22 예비초・B권

● 초콜릿을 모으면 모두 몇 개인지 세어 보세요.

9 19

10 18

● 덜어 내고 남은 것은 몇 개인지 세어 보세요.

11 12

12 16

● 수의 순서에 맞게 빈칸에 알맞은 수를 써 보세요.

13 10 11 12 13 14 15

14 15 16 17 18 19 20

1. 20까지의 수 23

01 더하기로 나타내기

날짜   월   일   확인

🎯 그림을 보고 더하기를 이용하여 식으로 나타내기

$1 2 + 3$
12 더하기 3

● 그림을 보고 더하기를 이용하여 식으로 나타내 보세요.

1

$1 3 + 4$
13 더하기 4

2

$1 1 + 5$
11 더하기 5

3

$1 4 + 3$
14 더하기 3

· 과일을 첨가하는 그림을 보고 과일의 수가 더 많아질 때 더하기를 이용하여 식으로 나타낼 수 있습니다.
· 기호 '+'는 '더하기'라고 읽습니다.

26 예비초 · B권

● 그림을 보고 더하기를 이용하여 식으로 나타내 보세요.

4 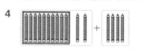   **5**
$1 2 + 4$ $1 5 + 2$

6 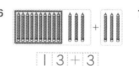   **7**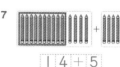
$1 3 + 3$ $1 4 + 5$

8    **9**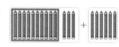
$1 1 + 7$ $1 3 + 6$

2. 20까지의 수의 덧셈 27

02 그림을 보고 덧셈하기

날짜   월   일   확인

🎯 그림을 보고 $1 2 + 3$ 계산하기

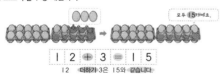
모두 15개예요.

$1 2 + 3 = 1 5$
12 더하기 3은 15와 같습니다.

● 그림을 보고 덧셈을 하세요.

1    **2**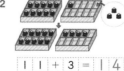
$1 4 + 2 = 1 6$ $1 1 + 3 = 1 4$

3   **4**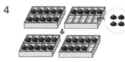
$1 3 + 5 = 1 8$ $1 5 + 4 = 1 9$

· 그림을 보고 덧셈 상황을 이해한 후 모두 몇 개인지 세어 보는 활동을 통하여 덧셈을 할 수 있습니다.

28 예비초 · B권

● 그림을 보고 덧셈을 하세요.

5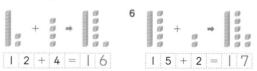
$1 2 + 4 = 1 6$ **6** $1 5 + 2 = 1 7$

7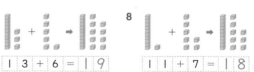
$1 3 + 6 = 1 9$ **8** $1 1 + 7 = 1 8$

9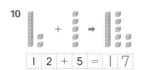
$1 6 + 2 = 1 8$ **10** $1 2 + 5 = 1 7$

2. 20까지의 수의 덧셈 29

03 그림을 이어 세어 덧셈하기

날짜 월 일 확인

그림을 보고 이어 세어 12+3 계산하기

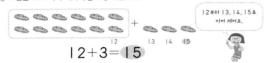

12부터 13, 14, 15로 이어 세어요.

12+3=15

그림을 보고 이어 세어 덧셈을 하세요.

1

14+2=16

2

11+4=15

3

13+3=16

> • 그림을 보고 왼쪽 선 안의 물건의 수부터 더하는 물건의 수만큼 이어 세어 덧셈을 할 수 있습니다.

30 예비초 • B권

그림을 보고 이어 세어 덧셈을 하세요.

4

12+4=16

5

15+3=18

6

13+5=18

7

14+5=19

8

14+3=17

9

16+2=18

10

11+6=17

11

13+4=17

2. 20까지의 수의 덧셈 31

1~10번은 어느 것이든 상관없이 초록색 수만큼 색칠했으면 정답으로 합니다.

04 색칠하고 덧셈하기

날짜 월 일 확인

연결 모형을 색칠하고 12+3 계산하기

12+3=15

3개를 색칠하면 모두 15개

3개를 색칠해요.

초록색 수만큼 색칠하고 덧셈을 하세요.

1

11+6=17

2

14+5=19

3
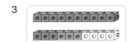

13+3=16

4

12+6=18

> • 더하는 수(초록색 수)만큼 연결 모형을 색칠하고 모두 몇 개가 되었는지 알아봄으로써 덧셈을 할 수 있습니다.

32 예비초 • B권

초록색 수만큼 색칠하고 덧셈을 하세요.

5

12+4=16

6

15+2=17

7

14+3=17

8

11+8=19

9

13+5=18

10

16+2=18

2. 20까지의 수의 덧셈 33

05 수를 이어 세어 덧셈하기

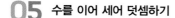 날짜 월 일 확인

🐢 수를 이어 세어 **12 + 3** 계산하기

| 12 | 13 | 14 | 15 | 16 | 17 |

3번 앞으로!

$12 + 3 = 15$

● 파란색 수만큼 이어 세어 덧셈을 하세요.

1 | 13 | 14 | 15 | 16 | 17 | 18 | 19 | $13 + 3 = \boxed{16}$

2 | 12 | 13 | 14 | 15 | 16 | 17 | 18 | $12 + 5 = \boxed{17}$

3 | 11 | 12 | 13 | 14 | 15 | 16 | 17 | $11 + 6 = \boxed{17}$

4 | 14 | 15 | 16 | 17 | 18 | 19 | 20 | $14 + 4 = \boxed{18}$

> · 더하는 수(파란색 수)만큼 수를 이어 세어 덧셈을 할 수 있습니다.

● 빈칸에 알맞은 수를 쓰고 덧셈을 하세요.

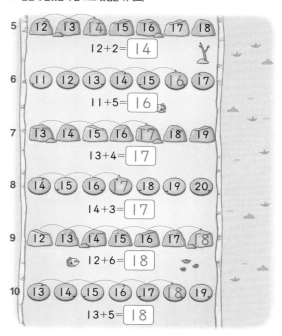

5 $12 + 2 = \boxed{14}$

6 $11 + 5 = \boxed{16}$

7 $13 + 4 = \boxed{17}$

8 $14 + 3 = \boxed{17}$

9 $12 + 6 = \boxed{18}$

10 $13 + 5 = \boxed{18}$

06 덧셈하기 (1)

날짜 월 일 확인

🐢 **12 + 3**의 가로셈 계산하기

$2 + 3 = 5$

그대로 써요.

$1 \; 2 + 3 = 1 \; 5$

$2 + 3 = 5$

● 덧셈을 하세요.

1

$3 + 4 = \boxed{7}$

그대로 써요.

$1 \; 3 + 4 = 1 \; 7$

2

$4 + 2 = \boxed{6}$

그대로 써요.

$1 \; 4 + 2 = 1 \; 6$

> · (십몇) + (몇)의 가로셈 계산은 (몇) + (몇)을 계산하고 십의 자리 1을 그대로 씁니다.

● 덧셈을 하세요.

3

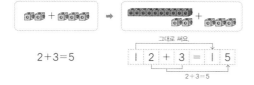

$3 + 2 = \boxed{5}$ $1 \; 3 + 2 = 1 \; 5$

4

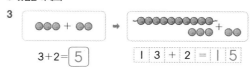

$1 + 5 = \boxed{6}$ $1 \; 1 + 5 = 1 \; 6$

5 $4 + 3 = \boxed{7}$ ➡ $1 \; 4 + 3 = 1 \; 7$

6 $2 + 7 = \boxed{9}$ ➡ $1 \; 2 + 7 = 1 \; 9$

7 $6 + 2 = \boxed{8}$ ➡ $1 \; 6 + 2 = 1 \; 8$

8 $5 + 4 = \boxed{9}$ ➡ $1 \; 5 + 4 = 1 \; 9$

07 덧셈하기 (2)

날짜 월 일 확인

12+3의 세로셈 계산하기

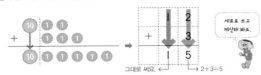

세로로 쓰고 계산해 봐요.

그대로 써요. ←┘ └→ 2+3=5

● 덧셈을 하세요.

1

2

3

● 덧셈을 하세요.

4
	1	1
+		7
	1	8

5
	1	3
+		3
	1	6

6
	1	2
+		6
	1	8

7
	1	5
+		2
	1	7

8
	1	1
+		3
	1	4

9
	1	4
+		4
	1	8

10
	1	2
+		1
	1	3

11
	1	5
+		4
	1	9

12
	1	6
+		1
	1	7

꿀팁 · 세로셈은 세로로 같은 줄끼리 계산합니다. 이때, 십의 자리 수 1은 그대로 내려 씁니다.

08 덧셈하기 (3)

날짜 월 일 확인

12+3의 가로셈과 세로셈

그대로 써요.

$$1\ 2\ +\ 3\ =\ 1\ 5$$

2+3=5

	1	2
+		3
	1	5

그대로 써요. ←┘ └→ 2+3=5

● 덧셈을 하세요.

1 14+4= 18

2 13+2= 15

3 11+6= 17

4 17+2= 19

5
	1	1
+		5
	1	6

6
	1	6
+		3
	1	9

7
	1	2
+		7
	1	9

8 덧셈을 하세요.

15+3= 18

16+2= 18

12+2= 14

11 + 4 = 15

14 + 5 = 19

13 + 1 = 14

12 + 4 = 16

꿀팁 · (십몇)+(몇)의 덧셈은 십의 자리는 그대로 쓰고, 일의 자리 수끼리 더합니다.

1~6번은 어느 것이든 상관없이 파란색 수만큼 색칠했으면 정답으로 합니다.

09 무엇을 배웠나요? ❶

날짜   월   일   확인

● 파란색 수만큼 색칠하고 덧셈을 하세요.

1

$14+2=16$

2
$13+4=17$

3
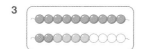
$12+4=16$

4
$11+5=16$

5

$15+4=19$

6
$16+2=18$

● 초록색 수만큼 이어 세어 덧셈을 하세요.

7 | 11 | 12 | 13 | 14 | 15 | 16 | 17 | $11+4=15$

8 | 14 | 15 | 16 | 17 | 18 | 19 | 20 | $14+5=19$

9 | 12 | 13 | 14 | 15 | 16 | 17 | 18 | $12+5=17$

10 | 11 | 12 | 13 | 14 | 15 | 16 | 17 | $11+6=17$

11 | 13 | 14 | 15 | 16 | 17 | 18 | 19 | $13+5=18$

12 | 14 | 15 | 16 | 17 | 18 | 19 | 20 | $14+3=17$

10 무엇을 배웠나요? ❷

날짜   월   일   확인

● 덧셈을 하세요.

1 $15+2=17$

2 $17+1=18$

3 $13+6=19$

4 $14+4=18$

5 $16+2=18$

6 $15+3=18$

7 $14+5=19$

8 $12+5=17$

9 $14+2=16$

10 $13+4=17$

11
$$\begin{array}{r} 16 \\ +\ 3 \\ \hline 19 \end{array}$$

12
$$\begin{array}{r} 17 \\ +\ 2 \\ \hline 19 \end{array}$$

13
$$\begin{array}{r} 12 \\ +\ 4 \\ \hline 16 \end{array}$$

14
$$\begin{array}{r} 11 \\ +\ 7 \\ \hline 18 \end{array}$$

15
$$\begin{array}{r} 15 \\ +\ 4 \\ \hline 19 \end{array}$$

16
$$\begin{array}{r} 18 \\ +\ 1 \\ \hline 19 \end{array}$$

17
$$\begin{array}{r} 12 \\ +\ 2 \\ \hline 14 \end{array}$$

18
$$\begin{array}{r} 13 \\ +\ 3 \\ \hline 16 \end{array}$$

19
$$\begin{array}{r} 14 \\ +\ 5 \\ \hline 19 \end{array}$$

01 빼기로 나타내기

그림을 보고 빼기를 이용하여 식으로 나타내기

$1 5 - 3$

15 빼기 3

그림을 보고 빼기를 이용하여 식으로 나타내 보세요.

1

$1 6 - 2$

16 빼기 2

2

$1 8 - 5$

18 빼기 5

3

$1 4 - 3$

14 빼기 3

그림을 보고 빼기를 이용하여 식으로 나타내 보세요.

4

$1 5 - 4$

5

$1 7 - 3$

6

$1 9 - 5$

7

$1 3 - 2$

8

$1 4 - 4$

9

$1 8 - 6$

02 그림을 보고 뺄셈하기

그림을 보고 15 - 3 계산하기

$1 5 - 3 = 1 2$

15 빼기 3은 12와 같습니다.

그림을 보고 뺄셈을 하세요.

1
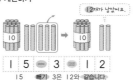

$1 4 - 2 = 1 2$

2

$1 6 - 3 = 1 3$

3
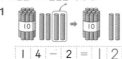

$1 5 - 4 = 1 1$

4
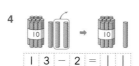

$1 3 - 2 = 1 1$

그림을 보고 뺄셈을 하세요.

5

$1 8 - 4 = 1 4$

6
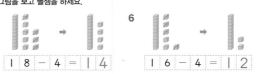

$1 6 - 4 = 1 2$

7

$1 5 - 2 = 1 3$

8

$1 9 - 3 = 1 6$

9

$1 7 - 6 = 1 1$

10
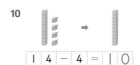

$1 4 - 4 = 1 0$

1~10번은 어느 것이든 상관없이 파란색
수만큼 /으로 지웠으면 정답으로 합니다.

03 지우고 뺄셈하기

날짜 월 일 확인

/으로 지우고 15-3 계산하기

3개를 지워요.

12개가 남아요.

$15-3=12$

● 파란색 수만큼 /으로 지우고 뺄셈을 하세요.

1

$16-2=14$

2
$17-5=12$

3

$14-3=11$

4

$19-6=13$

 • 빼는 수(파란색 수)만큼 /으로 지우고 남은 것을 세어 뺄셈을 할 수 있습니다.

● 파란색 수만큼 /으로 지우고 뺄셈을 하세요.

5

$15-4=11$

6

$13-2=11$

7

$18-4=14$

8

$16-5=11$

9

$12-2=10$

10

$14-1=13$

04 짝지어 보고 뺄셈하기

날짜 월 일 확인

짝지어 보고 15-3 계산하기

짝짓고 12개가
남아요.

12개가 남았어요.

$15-3=12$

● 그림을 보고 뺄셈을 하세요.

1
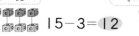
$14-3=11$

2
$15-2=13$

3
$17-5=12$

4
$16-2=14$

• 하나씩 짝지어 보고 남은 것을 세어 보는 활동을 통하여 파란색 연결 모형이 노란색 연결 모형보다 몇 개 더 많은지 뺄셈으로 알아봅니다.

● 그림을 하나씩 짝짓고 뺄셈을 하세요.

5
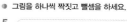
$13-2=11$

6

$15-4=11$

7
$14-2=12$

8
$17-3=14$

9
$16-3=13$

05 수를 거꾸로 세어 뺄셈하기

수를 거꾸로 세어 15-3 계산하기

거꾸로 3번
| 11 | 12 | 13 | 14 | **15** | 16 |

$15-3=12$

● 파란색 수만큼 거꾸로 세어 뺄셈을 하세요.

1 | 12 | 13 | 14 | 15 | 16 | **17** | 18 | $17-4=\boxed{13}$

2 | 9 | 10 | 11 | 12 | 13 | **14** | 15 | $14-2=\boxed{12}$

3 | 13 | 14 | 15 | 16 | 17 | **18** | 19 | $18-4=\boxed{14}$

4 | 11 | 12 | 13 | 14 | 15 | **16** | 17 | $16-5=\boxed{11}$

꿀tip · 빼는 수(파란색 수)만큼 수를 거꾸로 세어 뺄셈을 할 수 있습니다.

● 빈칸에 알맞은 수를 쓰고 뺄셈을 하세요.

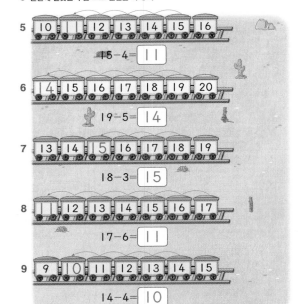

5 | 10 | 11 | 12 | 13 | 14 | 15 | 16 |
$15-4=\boxed{11}$

6 | 14 | 15 | 16 | 17 | 18 | 19 | 20 |
$19-5=\boxed{14}$

7 | 13 | 14 | 15 | 16 | 17 | 18 | 19 |
$18-3=\boxed{15}$

8 | 11 | 12 | 13 | 14 | 15 | 16 | 17 |
$17-6=\boxed{11}$

9 | 9 | 10 | 11 | 12 | 13 | 14 | 15 |
$14-4=\boxed{10}$

06 뺄셈하기 (1)

15-3의 가로셈 계산하기

$5-3=2$

그대로 써요.
| 1 | 5 | - | 3 | = | 1 | 2 |
$5-3=2$

● 뺄셈을 하세요.

1

$6-2=\boxed{4}$

그대로 써요.
| 1 | 6 | - | 2 | = | 1 | 4 |

2

$4-3=\boxed{1}$

그대로 써요.
| 1 | 4 | - | 3 | = | 1 | 1 |

꿀tip · (십몇)-(몇)의 가로셈 계산은 (몇)-(몇)을 계산하고 십의 자리 수 1을 그대로 씁니다.

● 뺄셈을 하세요.

3

$7-4=\boxed{3}$ | 1 | 7 | - | 4 | = | 1 | 3 |

4

$3-2=\boxed{1}$ | 1 | 3 | - | 2 | = | 1 | 1 |

5 $8-4=\boxed{4}$ ➡ | 1 | 8 | - | 4 | = | 1 | 4 |

6 $5-4=\boxed{1}$ ➡ | 1 | 5 | - | 4 | = | 1 | 1 |

7 $9-3=\boxed{6}$ ➡ | 1 | 9 | - | 3 | = | 1 | 6 |

8 $4-2=\boxed{2}$ ➡ | 1 | 4 | - | 2 | = | 1 | 2 |

07 뺄셈하기 (2)

날짜   월   일   확인

🌱 15-3의 세로셈 계산하기

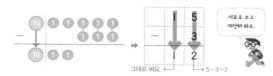

세로로 쓰고
계산해 봐요.

그대로 써요.   5-3=2

● 뺄셈을 하세요.

1

2

3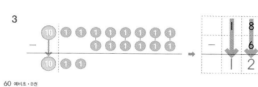

60 예비초 · B권

4 뺄셈을 하세요.

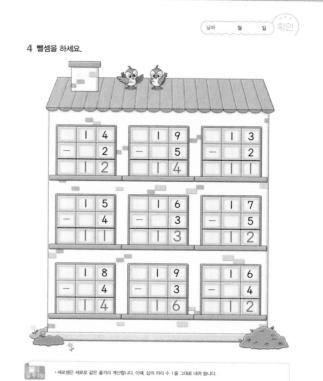

🧷 tip · 세로셈은 세로로 같은 줄끼리 계산합니다. 이때, 십의 자리 수 1을 그대로 내려 씁니다.

3. 20까지의 수의 뺄셈 61

08 뺄셈하기 (3)

날짜   월   일   확인

🌱 15-3의 가로셈과 세로셈

그대로 써요.

1 5 - 3 = 1 2

5-3=2

그대로 써요.   5-3=2

● 뺄셈을 하세요.

1 14-3= 11   **2** 16-3= 13

3 17-3= 14   **4** 19-2= 17

5 18   **6** 13   **7** 15
    - 4   - 2   - 2
   ────   ────   ────
    14   11   13

🧷 tip · (십몇)-(몇)의 뺄셈은 십의 자리는 그대로 쓰고, 일의 자리 수끼리 계산합니다.

62 예비초 · B권

8 뺄셈을 하세요.

3. 20까지의 수의 뺄셈 63

1~6번은 어느 것이든 상관없이 파란색 수만큼 /으로 지웠으면 정답으로 합니다.

날짜 월 일 확인

09 무엇을 배웠나요? ❶

● 파란색 수만큼 /으로 지우고 뺄셈을 하세요.

1
$16-3=\boxed{13}$

2
$18-4=\boxed{14}$

3
$14-2=\boxed{12}$

4
$15-4=\boxed{11}$

5
$19-5=\boxed{14}$

6
$17-3=\boxed{14}$

● 초록색 수만큼 거꾸로 세어 뺄셈을 하세요.

7 14 15 16 17 18 19 20 $19-4=\boxed{15}$

8 12 13 14 15 16 17 18 $17-2=\boxed{15}$

9 11 12 13 14 15 16 17 $16-4=\boxed{12}$

10 13 14 15 16 17 18 19 $18-5=\boxed{13}$

11 14 15 16 17 18 19 20 $19-3=\boxed{16}$

12 12 13 14 15 16 17 18 $17-5=\boxed{12}$

날짜 월 일 확인

10 무엇을 배웠나요? ❷

● 뺄셈을 하세요.

1 $14-3=\boxed{11}$

2 $16-2=\boxed{14}$

3 $19-4=\boxed{15}$

4 $15-1=\boxed{14}$

5 $13-2=\boxed{11}$

6 $18-6=\boxed{12}$

7 $12-1=\boxed{11}$

8 $17-3=\boxed{14}$

9 $15-3=\boxed{12}$

10 $16-3=\boxed{13}$

11
$$\begin{array}{r} 19 \\ -5 \\ \hline \boxed{14} \end{array}$$

12
$$\begin{array}{r} 14 \\ -1 \\ \hline \boxed{13} \end{array}$$

13
$$\begin{array}{r} 15 \\ -4 \\ \hline \boxed{11} \end{array}$$

14
$$\begin{array}{r} 17 \\ -3 \\ \hline \boxed{14} \end{array}$$

15
$$\begin{array}{r} 18 \\ -5 \\ \hline \boxed{13} \end{array}$$

16
$$\begin{array}{r} 13 \\ -1 \\ \hline \boxed{12} \end{array}$$

17
$$\begin{array}{r} 15 \\ -2 \\ \hline \boxed{13} \end{array}$$

18
$$\begin{array}{r} 19 \\ -6 \\ \hline \boxed{13} \end{array}$$

19
$$\begin{array}{r} 16 \\ -5 \\ \hline \boxed{11} \end{array}$$

01 21~30까지의 수

날짜   월   일   확인

🖐 30까지의 수 쓰고 읽기

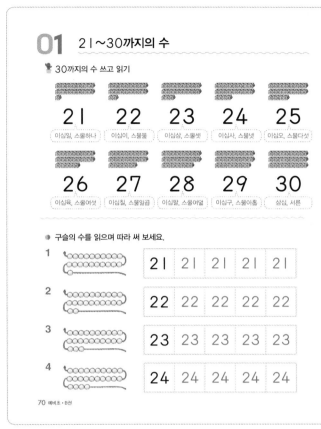

● 구슬의 수를 읽으며 따라 써 보세요.

● 달걀의 수를 읽으며 따라 써 보세요.

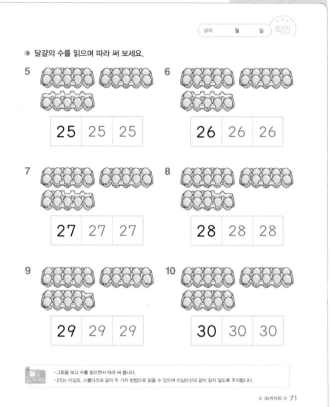

> • 그림을 보고 수를 읽으면서 따라 써 봅니다.
> • 25는 이십오, 스물다섯과 같이 두 가지 방법으로 읽을 수 있으며 이십다섯과 같이 읽지 않도록 주의합니다.

02 그림을 보고 세어 보기

날짜   월   일   확인

🖐 도넛의 수 세어 보기

● 쿠키의 수를 세어 ☐ 안에 알맞은 수를 써 보세요.

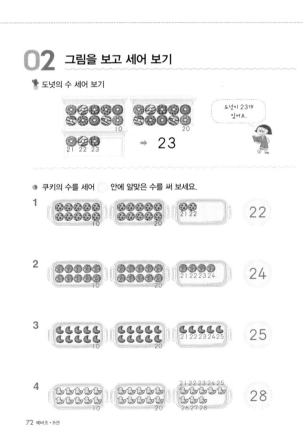

● 물고기의 수를 세어 알맞은 수를 써 보세요.

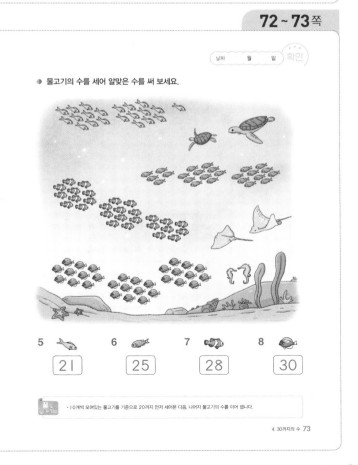

> • 10개씩 모여있는 물고기를 기준으로 20까지 먼저 세어본 다음 나머지 물고기의 수를 이어 셉니다.

03 모두 몇 개인지 세어 보기

날짜 월 일 확인

🐣 달걀을 모으면 모두 몇 개인지 세어 보기

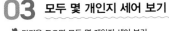
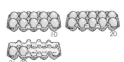 ➡ **25**

● 구슬을 모으면 모두 몇 개인지 세어 보세요.

1  21

2  24

3  22

4  26

 · 줄에 꿰어져 있는 구슬의 수를 먼저 세어본 다음, 낱개의 구슬을 이어 세어 모두 몇 개인지 알아봅니다.

74 예비초·B권

● 색연필을 모으면 모두 몇 개인지 세어 보세요.

5 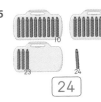 **6**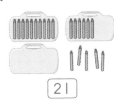

24 21

7  **8**

23 28

9  **10**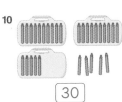

26 30

4. 30까지의 수 75

04 남은 것은 몇 개인지 세어 보기

날짜 월 일 확인

🧊 /으로 지우고 남은 연결 모형은 몇 개인지 세어 보기

  ➡ **22**

24개에서 2개를 지우고 남은 연결 모형은 22개예요.

● 지우고 남은 연결 모형의 수에 ◯표 하세요.

1
(20, ㉑, 22)

2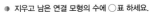
(㉒, 23, 24)

3
(24, ㉕, 26)

4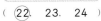
(㉓, 24, 25)

· /으로 지우기 전의 연결 모형의 수에서 지운 연결 모형의 수를 빼면 몇 개가 남는지 세어 보는 활동입니다.

76 예비초·B권

● 먹고 남은 초콜릿은 몇 개인지 세어 보세요.

5  22

6  24

7 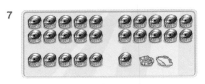 26

8  27

4. 30까지의 수 77

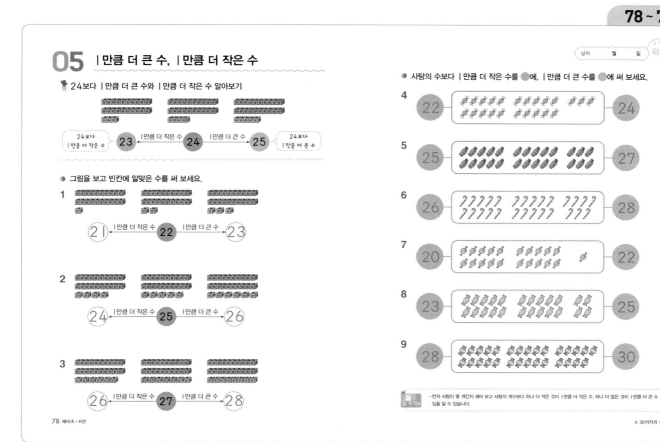

07 무엇을 배웠나요?

날짜   월   일   확인

● 달걀의 수를 세어 알맞은 수를 써 보세요.

1

22

2

26

● 연결 모형의 수보다 | 만큼 더 작은 수를 ◯에, | 만큼 더 큰 수를 ◯에 써 보세요.

3 22 ←ㅣ만큼 더 작은 수 ㅣ만큼 더 큰 수→ 24

4 25 ←ㅣ만큼 더 작은 수 ㅣ만큼 더 큰 수→ 27

5 26 ←ㅣ만큼 더 작은 수 ㅣ만큼 더 큰 수→ 28

● 초콜릿을 모으면 모두 몇 개인지 알맞은 수에 ◯표 하세요.

6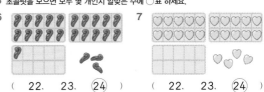

(22. 23. ㉔)

7

(22. 23. ㉔)

● /으로 지우고 남은 연결 모형의 수를 써 보세요.

8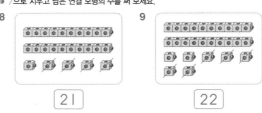

21

9

22

● 수의 순서에 맞게 빈칸에 알맞은 수를 써 보세요.

10 20 – 21 – 22 – 23 – 24 – 25

11 22 – 23 – 24 – 25 – 26 – 27

12 25 – 26 – 27 – 28 – 29 – 30

01 그림을 이어 세어 덧셈하기

날짜 월 일 확인

🔔 그림을 보고 이어 세어 21+2 계산하기

$21+2=23$

● 그림을 보고 이어 세어 덧셈을 하세요.

1

$22+2=\boxed{24}$

2
$21+4=\boxed{25}$

3
$23+3=\boxed{26}$

4

$24+3=\boxed{27}$

● 그림을 이용하여 주황색 구슬의 수부터 초록색 구슬의 수만큼 이어 세어 덧셈을 할 수 있습니다.

86 예비초 · B권

● 그림을 보고 이어 세어 덧셈을 하세요.

5

$22+1=\boxed{23}$

6

$23+2=\boxed{25}$

7
$24+4=\boxed{28}$

8
$26+3=\boxed{29}$

5. 30까지의 수의 덧셈 87

• 1~4번은 어느 것이든 상관없이 파란색 수만큼 색칠했으면 정답으로 합니다.
• 5~10번은 어느 것이든 상관없이 파란색 수만큼 ◯를 그리면 정답으로 합니다.

02 색칠하거나 그리고 덧셈하기

날짜 월 일 확인

🔔 연결 모형을 색칠하고 21+2 계산하기

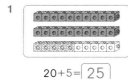

$21+2=23$

2개를 색칠해요.

● 파란색 수만큼 색칠하고 덧셈을 하세요.

1
$20+5=\boxed{25}$

2
$21+4=\boxed{25}$

3
$22+4=\boxed{26}$

4
$23+5=\boxed{28}$

 · 더하는 수(파란색 수)만큼 연결 모형을 색칠하고 모두 몇 개가 되었는지 알아봄으로써 덧셈을 할 수 있습니다.

88 예비초 · B권

● 파란색 수만큼 달걀판에 ◯를 그리고 덧셈을 하세요.

5

$22+3=\boxed{25}$

6
$25+1=\boxed{26}$

7
$24+2=\boxed{26}$

8
$23+4=\boxed{27}$

9
$26+2=\boxed{28}$

10
$25+4=\boxed{29}$

 · 더하는 수(파란색 수)만큼 ◯를 그리고 원래 있던 달걀의 수와 ◯의 수를 모두 몇 개가 되었는지 알아봄으로써 덧셈을 할 수 있습니다.

5. 30까지의 수의 덧셈 89

03 수를 이어 세어 덧셈하기

날짜   월   일   확인

❧ 수를 이어 세어 21+2 계산하기

21+2=23

● 파란색 수만큼 이어 세어 덧셈을 하세요.

1    20+2=22

2   22+3=25

3   24+4=28

4    25+4=29

 · 더하는 수(파란색 수)만큼 이어 세어 덧셈을 할 수 있습니다.

90 예비초 · B권

● 빈칸에 알맞은 수를 쓰고 덧셈을 하세요.

5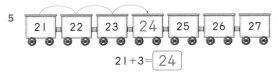

21+3=24

6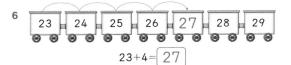

23+4=27

7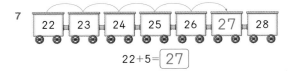

22+5=27

8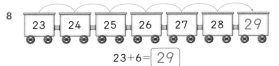

23+6=29

5. 30까지의 수의 덧셈 91

04 덧셈하기 (1)

날짜   월   일   확인

❧ 21+2의 가로셈 계산하기

1+2=3   21+2=23

● 덧셈을 하세요.

1

2+5=7   22+5=27

2

3+6=9   23+6=29

 · 한 자리 수끼리의 덧셈을 이용하여 (두 자리 수)+(한 자리 수)를 계산해 봅니다. 십의 자리는 그대로 쓰고, 일의 자리는 한 자리 수끼리 덧셈의 결과를 씁니다.

92 예비초 · B권

● 덧셈을 하세요.

3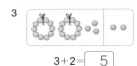

3+2=5
23+2=25

4

2+4=6
22+4=26

5

3+4=7
23+4=27

6

5+1=6
25+1=26

7

4+4=8
24+4=28

8

6+3=9
26+3=29

5. 30까지의 수의 덧셈 93

05 덧셈하기 (2)

✋ 21+2의 세로셈 계산하기

그대로 써요. ← 2 3 → 1+2=3

● 덧셈을 하세요.

1
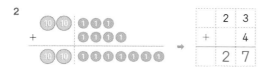

	2	2
+		3
	2	5

2

	2	3
+		4
	2	7

3

	2	4
+		5
	2	9

● 덧셈을 하세요.

4
	2	1
+		4
	2	5

5
	2	3
+		3
	2	6

6
	2	4
+		2
	2	6

7
	2	5
+		1
	2	6

8
	2	5
+		2
	2	7

9
	2	3
+		5
	2	8

10
	2	4
+		4
	2	8

11
	2	5
+		4
	2	9

12
	2	6
+		3
	2	9

· 십의 자리는 그대로 2를 내려 쓰고, 일의 자리는 일의 자리끼리 더합니다.

96~97쪽

06 덧셈하기 (3)

✋ 21+2의 가로셈과 세로셈

그대로 써요.
2 1 + 2 = 2 3
1+2=3

	2	1
+		2
	2	3

● 덧셈을 하세요.

1 23+2= 25

2 22+4= 26

3 25+3= 28

4 22+7= 29

5

2	1
+	6
2	7

6
2	6
+	2
2	8

7
2	8
+	1
2	9

· 가로셈이나 세로셈을 계산할 때 십의 자리는 그대로 쓰고, 일의 자리는 일의 자리끼리 더합니다.

8 덧셈을 하세요.

23
+ 1
24

22+5= 27

24+3= 27

24
+ 4
28

27
+ 1
28

25+4= 29

07 무엇을 배웠나요? ❶

날짜 월 일 확인

● 연결 모형은 모두 몇 개인지 덧셈을 하세요.

1 21+3= 24

2 24+1= 25

3 22+4= 26

4 25+2= 27

5 23+3= 26

6 22+3= 25

● 빈칸에 알맞은 수를 쓰고 덧셈을 하세요.

7 22 23 **24** 25 26 27   22+2= 24

8 25 26 27 28 **29** 30   25+4= 29

9 24 25 26 **27** 28 29   24+3= 27

10 **21** 22 23 24 25 **26**   21+5= 26

11 **23** 24 **25** 26 27 28   23+2= 25

12 **25** 26 27 **28** 29 30   25+3= 28

08 무엇을 배웠나요? ❷

날짜 월 일 확인

● 덧셈을 하세요.

1 20+3= 23

2 22+2= 24

3 23+4= 27

4 21+7= 28

5 24+5= 29

6 23+3= 26

7 21+4= 25

8 25+3= 28

9 26+1= 27

10 27+2= 29

11
$$\begin{array}{r} 21 \\ +\ 1 \\ \hline 22 \end{array}$$

12
$$\begin{array}{r} 26 \\ +\ 3 \\ \hline 29 \end{array}$$

13
$$\begin{array}{r} 22 \\ +\ 3 \\ \hline 25 \end{array}$$

14
$$\begin{array}{r} 20 \\ +\ 5 \\ \hline 25 \end{array}$$

15
$$\begin{array}{r} 25 \\ +\ 1 \\ \hline 26 \end{array}$$

16
$$\begin{array}{r} 26 \\ +\ 2 \\ \hline 28 \end{array}$$

17
$$\begin{array}{r} 24 \\ +\ 4 \\ \hline 28 \end{array}$$

18
$$\begin{array}{r} 21 \\ +\ 2 \\ \hline 23 \end{array}$$

19
$$\begin{array}{r} 21 \\ +\ 8 \\ \hline 29 \end{array}$$

01 그림을 보고 뺄셈하기

날짜   월   일   확인

 그림을 보고 24-3 계산하기

$24-3=21$

● 그림을 보고 뺄셈을 하세요.

1
$22-1=\boxed{21}$

2
$25-3=\boxed{22}$

3
$26-3=\boxed{23}$

4
$27-4=\boxed{23}$

 덜어 내기 전의 연결 모형의 수를 먼저 세어 보고, 덜어 낸 후의 연결 모형의 수를 세어 보며 뺄셈을 할 수 있습니다.

104 예비초 · B권

● 그림을 보고 뺄셈을 하세요.

5

$23-1=\boxed{22}$

6

$22-2=\boxed{20}$

7

$25-4=\boxed{21}$

8

$27-3=\boxed{24}$

9

$28-5=\boxed{23}$

10

$29-4=\boxed{25}$

6. 30까지의 수의 뺄셈 105

1~10번은 어느 것이든 상관없이 빨간색 수만큼
/으로 지웠으면 정답으로 합니다.

02 지우고 뺄셈하기

날짜   월   일   확인

 /으로 지우고 24-3 계산하기

$24-3=21$

● 빨간색 수만큼 /으로 지우고 뺄셈을 하세요.

1

$23-2=\boxed{21}$

2

$25-3=\boxed{22}$

3

$26-4=\boxed{22}$

4

$27-6=\boxed{21}$

 빼는 수만큼 간색 수만큼 /으로 지우고 남은 것을 세어 뺄셈을 할 수 있습니다.

106 예비초 · B권

● 빨간색 수만큼 /으로 지우고 뺄셈을 하세요.

5

$23-3=\boxed{20}$

6

$25-1=\boxed{24}$

7

$26-3=\boxed{23}$

8
$27-4=\boxed{23}$

9
$28-6=\boxed{22}$

10
$29-4=\boxed{25}$

6. 30까지의 수의 뺄셈 107

03 수를 거꾸로 세어 뺄셈하기

수를 거꾸로 세어 24 — 3 계산하기

거꾸로 3번

21 22 23 **24** 25 $24-3=21$

빨간색 수만큼 거꾸로 세어 뺄셈을 하세요.

1 19 20 21 22 **23** 24 $23-3=\boxed{20}$

2 21 22 23 24 **25** 26 $25-2=\boxed{23}$

3 24 25 26 27 **28** 29 $28-4=\boxed{24}$

4 25 26 27 28 **29** 30 $29-4=\boxed{25}$

 · 빼는 수(빨간색 수)만큼 수를 거꾸로 세어 뺄셈을 할 수 있습니다.

빈칸에 알맞은 수를 쓰고 뺄셈을 하세요.

5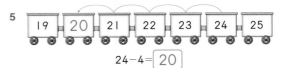
19 20 21 22 23 24 25
$24-4=\boxed{20}$

6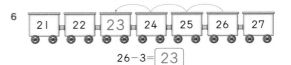
21 22 23 24 25 26 27
$26-3=\boxed{23}$

7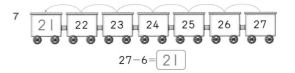
21 22 23 24 25 26 27
$27-6=\boxed{21}$

8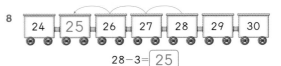
24 25 26 27 28 29 30
$28-3=\boxed{25}$

04 뺄셈하기 (1)

24 — 3의 가로셈 계산하기

$4-3=1$ $24-3=21$

뺄셈을 하세요.

1

$2-1=\boxed{1}$ $22-1=\boxed{21}$

2

$6-3=\boxed{3}$ $26-3=\boxed{23}$

3

$7-3=\boxed{4}$ $27-3=\boxed{24}$

 · 한 자리 수끼리의 뺄셈을 이용하여 (두 자리 수)−(한 자리 수)를 계산해 봅니다. 십의 자리는 그대로 쓰고, 일의 자리는 한 자리 수끼리 뺄셈의 결과를 씁니다.

뺄셈을 하세요.

4

$3-1=\boxed{2}$

$23-1=\boxed{22}$

5

$5-2=\boxed{3}$

$25-2=\boxed{23}$

6

$4-4=\boxed{0}$

$24-4=\boxed{20}$

7

$7-4=\boxed{3}$

$27-4=\boxed{23}$

8

$8-5=\boxed{3}$

$28-5=\boxed{23}$

9

$9-7=\boxed{2}$

$29-7=\boxed{22}$

05 뺄셈하기 (2)

날짜 월 일 확인

24-3의 세로셈 계산하기

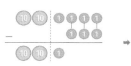 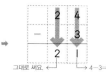

그대로 써요. ← → 4-3=1

● 뺄셈을 하세요.

1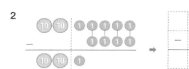
```
  2 2
-   2
  2 0
```

2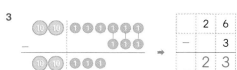
```
  2 5
-   4
  2 1
```

3
```
  2 6
-   3
  2 3
```

● 뺄셈을 하세요.

4
```
  2 2
-   1
  2 1
```

5
```
  2 3
-   3
  2 0
```

6
```
  2 4
-   2
  2 2
```

7
```
  2 5
-   3
  2 2
```

8
```
  2 7
-   4
  2 3
```

9
```
  2 6
-   5
  2 1
```

10
```
  2 7
-   2
  2 5
```

11
```
  2 8
-   5
  2 3
```

12
```
  2 9
-   8
  2 1
```

 · 십의 자리는 그대로 2를 내려 쓰고, 일의 자리는 일의 자리 수끼리 뺍니다.

112 6. 예비초·B권

6. 30까지의 수의 뺄셈 113

06 뺄셈하기 (3)

날짜 월 일 확인

24-3의 가로셈과 세로셈

그대로 써요.
2 4 - 3 = 2 1
4-3=1

● 뺄셈을 하세요.

1 24-2= 22

2 25-3= 22

3 26-5= 21

4 28-4= 24

5
```
  2 7
-   1
  2 6
```

6
```
  2 8
-   3
  2 5
```

7
```
  2 9
-   5
  2 4
```

8 뺄셈을 하세요.

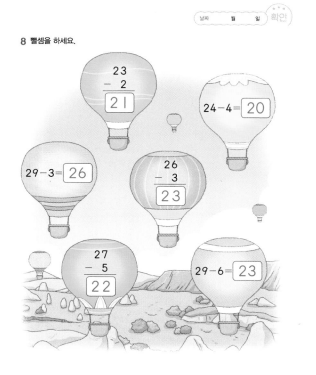

```
  2 3
-   2
  2 1
```
24-4= 20
29-3= 26
```
  2 6
-   3
  2 3
```
```
  2 7
-   5
  2 2
```
29-6= 23

 · 가로셈이나 세로셈을 계산할 때 십의 자리는 그대로 쓰고, 일의 자리는 일의 자리끼리 뺄셈을 합니다.

114 6. 예비초·B권

6. 30까지의 수의 뺄셈 115

07 무엇을 배웠나요? ❶

날짜   월   일   확인

● 뺄셈을 하세요.

1   23-2=[21]

2   24-4=[20]

3   26-5=[21]

4   28-3=[25]

5   23-1=[22]

6   25-4=[21]

● 빈칸에 알맞은 수를 쓰고 뺄셈을 하세요.

7   24 25 26 27 28 29   29-5=[24]

8   21 22 23 24 25 26   26-4=[22]

9   23 24 25 26 27 28   28-4=[24]

10   20 21 22 23 24 25   23-2=[21]

11   21 22 23 24 25 26   25-3=[22]

12   22 23 24 25 26 27   27-4=[23]

08 무엇을 배웠나요? ❷

날짜   월   일   확인

● 뺄셈을 하세요.

1   23-3=[20]

2   25-3=[22]

3   24-1=[23]

4   27-5=[22]

5   29-2=[27]

6   26-5=[21]

7   25-2=[23]

8   28-4=[24]

9   27-7=[20]

10   24-3=[21]

11
$$\begin{array}{r} 28 \\ -\ 3 \\ \hline [25] \end{array}$$

12
$$\begin{array}{r} 23 \\ -\ 2 \\ \hline [21] \end{array}$$

13
$$\begin{array}{r} 26 \\ -\ 4 \\ \hline [22] \end{array}$$

14
$$\begin{array}{r} 22 \\ -\ 2 \\ \hline [20] \end{array}$$

15
$$\begin{array}{r} 24 \\ -\ 2 \\ \hline [22] \end{array}$$

16
$$\begin{array}{r} 25 \\ -\ 4 \\ \hline [21] \end{array}$$

17
$$\begin{array}{r} 26 \\ -\ 3 \\ \hline [23] \end{array}$$

18
$$\begin{array}{r} 27 \\ -\ 5 \\ \hline [22] \end{array}$$

19
$$\begin{array}{r} 29 \\ -\ 8 \\ \hline [21] \end{array}$$

120쪽

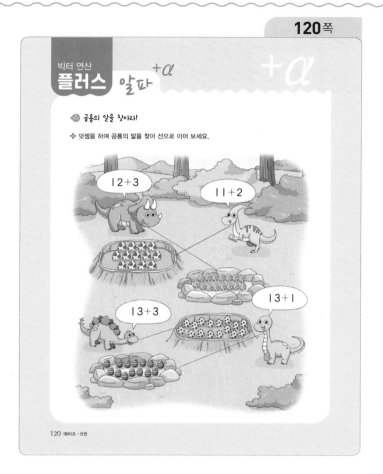

MEMO

똑똑한 하루 시/리/즈

배우는 즐거움! 쌓이는 기초 실력!

공부 습관을 만들자!
하루 1ㅁ분!

기초 학습능력 강화 프로그램

똑똑한 하루 독해

NEW

쉽다!
어휘력 강화로 쉬운 독해 시작

재미있다!
다양한 소재로 재미있는 독해 공부

똑똑하다!
생활 속 독해로! 창의·융합·코딩 게임까지!

1 단계 **A**
예비초~1학년

천재교육

과목	교재 구성	과목	교재 구성
하루 독해	예비초~6학년 각 A·B (14권)	하루 VOCA	3~6학년 각 A·B (8권)
하루 어휘	예비초~6학년 각 A·B (14권)	하루 Grammar	3~6학년 각 A·B (8권)
하루 글쓰기	예비초~6학년 각 A·B (14권)	하루 Reading	3~6학년 각 A·B (8권)
하루 한자	예비초: 예비초 A·B (2권) 1~6학년: 1A~4C (12권)	하루 Phonics	Starter A·B / 1A~3B (8권)
하루 수학	1~6학년 1·2학기 (12권)	하루 봄·여름·가을·겨울	1~2학년 각 2권 (8권)
하루 계산	예비초~6학년 각 A·B (14권)	하루 사회	3~6학년 1·2학기 (8권)
하루 도형	예비초 A·B, 1~6학년 6단계 (8권)	하루 과학	3~6학년 1·2학기 (8권)
하루 사고력	1~6학년 각 A·B (12권)	하루 안전	1~2학년 (2권)

정답은
이안에
있어!
◀